自然生活家 26

多肉控！

不藏私的多肉組盆技巧 進階版

29 款創意作品，獨特細膩的手法技巧大公開。

小宇（吳孟宇）
Ron（劉倉印）

——著

晨星出版

目次
Contents

作者序

感謝朋友們對上一本著作《瘋多肉！跟著多肉玩家學組盆》的喜愛與支持，讓我有榮幸跟機會能再次為您示範更多的組合作品。同樣的，本書作品的部分由我為大家做示範，圖鑑部分，由小宇為大家做整理及介紹。

繼《瘋多肉！跟著多肉玩家學組盆》後，想必大家對多肉的形態、種植方式，以及管理照顧都有初步的了解，也學會了不少的組合方式。經常會有朋友問到，這樣的組合方式，作品能維持多久？其實，作品能維持多久時間，取決於您對多肉的認識了解有多少，基本的種植功力越紮實，相對的作品維持時間也就越長；或者，就是把多肉作品當作鮮花，要的是欣賞那當下的美麗，但喜歡園藝的人，都比喜歡花藝的人來的貪心，要的不只是當下的美麗，最好這美麗能持續或永遠不變的長長久久，但請別忘了，植物是活的，會依四季更迭，而有著不同的樣貌，在對的時間，作對的事，適地適種，那這份美麗就會伴隨您很長一段時間。

這次為大家示範的，是傳授如何把多肉植物種植在木質盆器上，運用一些技巧手法，把多肉的美展現的淋漓盡致。木材在我們生活上運用廣泛，舉凡一段修剪下來的樹枝、漂流木、淘汰的砧板、椅子、桌子等，林林總總不勝枚舉，都可用來作為多肉組盆的盆器。接下來，就讓我們運用簡單的手法，賦予這些即將汰換的木頭材質器具另一個生命，妝點居家的陽台或花園。

當初會有掛式的想法，是因為考量到都市環境中，多數人沒能有個小花園，能種植植物的空間也只有陽台而已，而如何有效利用陽台，就是門很大的學問。而多肉植物的品系又多，喜歡多肉的朋友，想必都會

有著相同的毛病，那就是不知不覺間多肉植物的盆數變多了，陽台的空間變小了，總覺得陽台不夠用，因此開始想要運用組盆手法，將種類繁多的多肉植物合植成組合盆栽，一來美觀，二來節省空間。其實自然界中，大自然就是個最好的組合盆栽老師，在原生環境中，數種多肉植物生長在同一個區塊中，實屬常見，我們只是取自然界的一個小景，裝在盆子中罷了。

回歸原題，牆面以及懸掛的空間都是我們可以有效運用的。初次見到日本介紹利用龜甲網包覆介質，再以扦插方式將多肉植物種植在木板上的方法，最後呈現出的作品令人驚喜，但對處於一個商業空間的我來說，這種方式工法較多，對我而言有些許麻煩，且作品無法馬上成為一個商品，因為還要等多肉植物發根，於是便想著有沒有更簡單、方便又快速的方式，作品完成後便能成為一件商品的方法。當時腦海中閃過一個畫面，那就是夜市的「彈珠台」，一排排釘子卡住彈珠的模樣。於是，我便試著用釘子來卡住多肉，第一次嘗試，足足花了一天去成就一個作品，後來一路修修改改，才有了現在的方式，也達到了我要的「簡單、方便、快速、美觀」，且在家中就能用簡單的必備工具操作。

有興趣的朋友們，不妨運用家裡淘汰的木頭材質器具，跟著示範的詳細解說步驟，成就一份屬於您居家多肉植物的創意組合作品，成就一份屬於自己的感動，妝點一個屬於自己的多肉世界。

作者序

　　一年多前出版《瘋多肉！跟著多肉玩家學組盆》時，台灣栽培多肉植物正掀起熱潮，在那之後的這段期間，多肉風潮更爲熱絡。多肉植物的魅力之迷人，真的就如同中毒般迅速的感染了園藝愛好人士，甚至讓從未接觸園藝的人也因多肉植物而踏進植物、園藝這圈子，也因爲這股風潮，而讓《瘋多肉！跟著多肉玩家學組盆》這本書有更多機會可以接觸到讀者，也給了我們更多能量創作新著作。

　　這股熱潮不僅推動更多業者與多肉植物愛好者，用不同的管道從國外引進更多植物品種，不純粹是從國外進口的多肉，台灣在地的生產農場也投入更多資源，繁殖價格合理又兼顧品質的多肉，當然這一切都是因應廣大多肉迷的需求。由於多肉的普及讓收集品種變得容易，即使是新手也能在短時間種植到非常多種類的多肉，因此除了基本盤，大家對於新品種與組合盆栽技巧這方面的需求大爲增加。

　　這次的書籍內容，Ron 老師將公開與前本書不同的組盆祕笈，用其他技巧教大家創作出更迷人的組合作品，而小宇這次同樣是負責撰寫多肉圖鑑的部分。因爲這段期間內新引進的品種數量可用爆炸來形容，所以小宇盡量是挑選市面上能見度高一些的品種來介紹，至於遺漏沒撰寫到的品種也請各位肉友海涵。

　　另外，品種介紹部分這次將捨棄學名的編輯，品種名稱都使用中文來作介紹，雖然音譯或翻譯的中文名稱上會有選字的差異，然而透過圖鑑照片的對比，相信還是能夠幫助肉友們認識更多種類的多肉。這次的

圖鑑也增加了部分錦斑與綴化品種，雖然錦斑與綴化品種非市場常見的販售品相，但小宇依舊撰寫進圖鑑中，是希望與肉友們分享在正常型態外，多肉不同特色與性狀所表現出的樣貌。

在這次撰寫圖鑑期間，特別感謝好友青心園藝與潘多拉多肉花園RURU的支持，不但提供植株拍攝，同時還交流了栽培上的心得。另外也在此感謝藍山園藝長期以來對小宇的栽培與支持。有了這些幫助，才能讓小宇順利完成這次出版任務。當然也要謝謝晨星出版社的許裕苗小姐與我敬愛的 Ron 老師，繼續給小宇參與這次出版的機會。最後，謝謝這一路上支持鼓勵小宇的朋友們，不論是老朋友還是新朋友，讓我們繼續用這本書開心的玩肉吧！

Chapter

1

基 本 篇

　　木材在我們日常生活中的運用相當廣泛，幾乎與生活
息息相關，舉凡餐具、家具，亦或裝飾擺件，簡單的如一
塊砧板，複雜如椅子，當這些老舊的木質餐具需要汰換時，
何不將其再次利用，讓它們成為居家陽台花園獨樹一格的
布置裝飾亮點，亦或是成為餽贈親友的獨特創意盆栽，賦
予它們新的生命，達到資源再次利用，為環保盡一分力。

一、選材

　　在基本篇裡，介紹的是利用形式簡單的一塊木頭或一片木板來創作，在木頭挑選上以實木為優先考量，畢竟多肉植物雖耐旱，但還是要給水，由於木頭會吸水，久而久之易產生腐化現象，因此實木會較為耐用，且可重複運用；合板大多數是以膠黏加上高壓方式製造出來，因為含有膠的成分，遇水後久而久之，黏著的部分會因為膠的分解而崩壞，影響作品的美觀與觀賞期；若要採用合板，建議可先上一層防水漆，隔絕水分侵入。

不同的實木

合板

二、技巧手法

　　在技巧手法部分，一開始的試驗階段，想到的方式是夜市的彈珠檯，所以採用的工具是以鐵釘加鐵鎚，後來覺得鐵釘和鐵鎚太過麻煩，於是改用螺絲跟十字起子，一來方便操作，二來不需太多工具。

　　固定的原理是利用螺絲跟木板的連結來固定多肉植物，由一根螺絲的點，到兩根螺絲兩點間的線，而至三根螺絲三點間的面，牢牢地將多肉植物與木頭間做結合，而後再多加第四根螺絲時，又會增加另一個面，以此類推，便能做出我們所要的更大的多肉植物主體，加上基本的U形釘運用，長短不一的U形釘，在固定水苔時交會縱橫形成的網狀體系，牢牢地將介質固定，如此一來，成就一件作品便不是困難的事了。

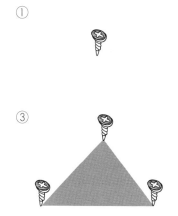
不同長度的螺絲

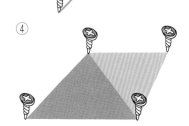
不同長度的U形釘

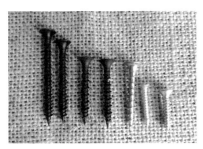

螺絲的點線面示意圖

三、植物挑選

植物的挑選部分，顏色、形態、種植難易度都是我們考量的因素，若以價格來說，單價越便宜的，意味著是入門的品系，因為好種植，繁殖又快，造就了量產的速度快，所以單價就相對便宜許多。當然，單價高的植物，也能運用在組合裡，只是因為價格高的品系，相對的也說明了種植上有著一定程度的挑戰性，不外乎生長、繁殖速度慢，對環境的要求性高，若運用在組合盆栽裡，最先發生問題的一定是這類品系。

但是，這並非絕對，還牽涉到環境與管理方式，所以易種植、繁殖快、顏色形態優美，就成了挑選植物的主要考量條件，如姬朧月、秋麗、銘月、黃麗、加州夕陽、老樂等，都是市面上常見的景天科植物，也就是我們常說的「市場肉」，意指為市面上常見的多肉植物。

四、介質

介質部分，常用的是「智利水苔」，因為智利水苔是採用天然的水苔經過乾燥後再壓縮而成，完整性較佳，品質也比較好；當然，還有價格較低廉的大陸水苔，然而品質就沒有智利水苔來的好。

至於馴鹿水苔，就筆者所知，也是水苔的一種，其生長在較寒冷區域，馴鹿以此為食，所以有「馴鹿水苔」之稱，也有一說是其形態像馴鹿的角而得此名。一般會作為裝飾用，因為經過加工處理，染成好幾種顏色，所以會用來作為跳色的角色居多。

綠色水苔，也是經過染色的水苔，種植效果沒有智利水苔來的好，所以也是用來裝飾的成分居多。

智利水苔

馴鹿水苔

綠色水苔

五、工具

　　家中的工具箱裡，一定少不了螺絲、螺絲起子、老虎鉗、鐵絲、鉛線、尖嘴鉗，運用家裡簡單的工具，就能事半功倍的輕易玩創意組合了。

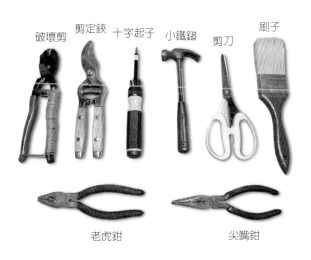

破壞剪　剪定鋏　十字起子　小鐵鎚　剪刀　刷子

老虎鉗　　　　　尖嘴鉗

01 逢春

14

設計理念

運用魔海直立性的外形特徵與新玉綴下垂性的形態來設計。
魔海的線條能將主體的視線往上抬升，而新玉綴的垂墜性將可讓視線往下無限延伸，使主體整體視覺上更顯豐盛活潑。

盆器	多肉植物	工具
大塊的原木切片	魔海、波尼亞、紅旭鶴、黃金萬年草、七福神、乙女心、虹之玉、銀紅蓮、姬朧月、新玉綴、姬秋麗	剪刀、破壞剪、十字起子、鐵絲#18、#20、螺絲、水苔

01 逢春

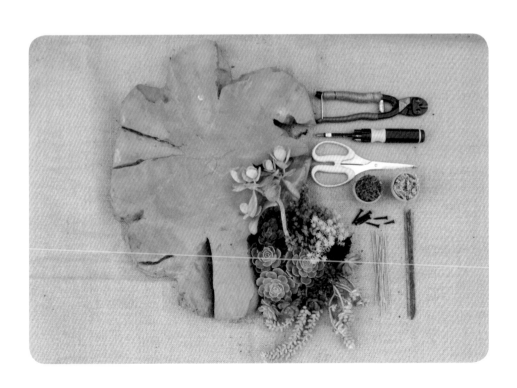

步驟示範

1

取兩根螺絲鎖在主體所要置放的位置,中間需留空隙,鎖至螺絲牢固為止,製作出與木板間的連結點。

2

取主體七福神,將莖部卡進兩根螺絲間的空隙中,周圍加些水苔壓實,再以 U 形釘固定至主體不會晃動。

3

將七福神的面相調整好後,右側加進紅旭鶴,以 U 形釘固定好再加水苔壓實,輔以 U 形釘固定。

4

取一小束波尼亞,以 U 形釘先行固定,再塞入少許水苔壓實,接著以 U 形釘確實固定。

5

下方銀紅蓮先用 U 形釘固定,再塞入水苔,接著在銀紅蓮下方靠近莖部鎖上第二根螺絲。

 POINT
鐵絲的粗細以植物大小為基準,越大的植物,固定的鐵絲就越粗。

6

取較大的魔海,將莖部藏進有介質的地方,再以 U 形釘固定後加水苔壓實。

7

再取較小的魔海同樣固定後,加上波尼亞蓋住其莖部。

01 逢春

8

取一束黃金萬年草以 U 形釘固
定在波尼亞下方做跳色。
接著在銀紅蓮下方留些空隙，
並鎖上第三根螺絲。

9

取第二棵七福神將莖部置入留
下的空隙中，調整好面向後取
U 形釘扣住與螺絲成一直線的
七福神莖部。

POINT

記住 U 形釘要跟介質
有所連結，盡量別把
鐵絲直的地方弄彎，
因為過短或折彎，固
定會不確實。

10

在七福神下方加水苔壓緊後，
輔以 U 形釘確實固定，右方加
上乙女心，同樣先行固定後加
水苔壓實固定。

11

剝除虹之玉下葉，取需要的高
度，然後置入七福神與乙女心
間的空隙，再以 U 形釘固定，
接著加少許水苔確實固定。

12

再取一棵比虹之玉小一些的姬
朧月做收邊動作，此時就很容
易看出形態小的虹之玉會襯托
出主體七福神的大器。

13

把具線條感的姬秋麗，將其莖
部靠在介質上以 U 形釘固定，
再加些水苔壓實。

14

在靠近主體的地方補上兩朵形
態較完整的姬秋麗，確實固定
後再以波尼亞將底部蓋住，加
上水苔後確實固定。

15

取紅色系的姬朧月作為跳色，
固定在姬秋麗下方以 U 形釘固
定，加水苔確實固定。

16 17

此時作品主體部分，從右上方延伸至右下方，在下方以新玉綴做垂墜，讓視線跟著新玉綴往下延伸。以 U 形釘將新玉綴的莖部固定在上方介質上。

18

單一植株會顯得分量不足，所以加進不同長度的新玉綴展現不同層次的垂墜感。以 U 形釘固定後，因植物重量關係部分介質會未與木板連成一體而產生浮動，此時再加根螺絲補強。

19 20 21

取不比主體七福神高的虹之玉剝除下葉後，以 U 形釘固定在兩朵七福神中間，加水苔固定。

取少量波尼亞將莖抓成一小束後用 U 形釘固定，蓋住新玉綴莖部，加水苔壓實再以 U 形釘固定。

加一小束黃金萬年草做跳色，以 U 形釘固定莖部再加水苔壓實固定。

22

取第三棵主體七福神調整好面向後，以 U 形釘先行固定，下方再塞少許水苔壓實固定。

23

再取一根較長的 #18 號鐵絲 U 形釘，長度約第三主體中心到第二主體中心。

24

輕輕扶住上方的主體，然後由第三主體往第二主體方向做固定。可用尖嘴鉗夾住 U 形部位較好施力，若 U 形釘遇到阻力推不進去時，先拔出來再換個方位推。

25

下方以波尼亞作收尾，側著將抓成小束的波尼亞莖部以 U 形釘固定，因收尾的縫隙較小，此時加水苔固定的量就要少一點。

26

加些黃金萬年草做跳色，再植入波尼亞，由下往上做收尾。

27

轉到左上方，紅旭鶴上方置入一朵形態較小的銀紅蓮。把下葉剝除後將莖固定在介質上，以讓銀紅蓮的蓮座部分突顯在紅旭鶴上方。

接著取黃金萬年草做收邊，再輔以一朵較小的銀紅蓮，確實以 U 形釘固定，加些許水苔壓實。

再轉到下方，取較短的新玉綴以 U 形釘確實固定，
讓左方較為平整的蓮座呈現出律動感，
且與右方下墜的新玉綴作呼應。

接著將乙女心由中間往外固
定，先在兩朵七福神間固定較
大朵的乙女心，再取較小的乙
女心固定在新玉綴上方做收
邊。

左方先固定些許黃金萬年草，
再以一朵較小的紅旭鶴做收
邊。此時這兩朵紅旭鶴的紅因
周遭的白而變得顯眼。

31

以姬秋麗及少許波尼亞做收邊。
先固定上方的姬秋麗,再輔以
少許波尼亞,最後從姬秋麗側
邊固定住莖部,將莖部藏在乙
女心的葉片下方。

01
逢春

FINISH

一個可以懸掛牆面的
壁掛作品完成了。

TIP

照顧方式

置於南面日照充足處。澆水方式:若
要讓介質水苔吸飽水,可採用浸泡方
式,一星期泡一次水,一次約五至十
分鐘;若採取噴灑方式,因乾水苔吸
水速度較慢,假使只噴表面讓植物溼
潤則可天天噴灑,但還是要注意介質
狀況,別讓介質一直處於潮溼狀態,
易導致爛根。

02 展現

在人生舞台上，每個人憑藉著本身的努力與特色，
展現著自身散發的獨特魅力。
就如同這台上的多肉，
依著自身的形態與特色，在台上展現著各自特有的光環。

設計理念

黑王子的黑加上樹冰的白，形成強烈對比，也將彼此襯托得更加顯眼。
平植於平面木板上，上演的是一齣爭奪一席之地的戲碼。

02 展現

盆器	多肉植物	工具
	黑王子、樹冰、花葉圓貝草、秋麗、姬秋麗、綠焰、花簪、蔓蓮、毛海星	剪刀、尖嘴鉗、破壞剪、十字起子、鐵絲 #18 #20、螺絲、水苔

1

取兩根螺絲,在木板的 1 / 3 處鎖下第一根螺絲,鎖至螺絲牢固即可。

2

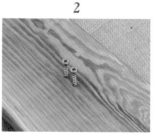

再鎖下第二根螺絲,兩根螺絲間留下些許空隙。

3

花葉圓貝草脫盆去土,取需要的植株高度,將莖卡進兩根螺絲的預留空隙中,再以細鐵絲將植物與螺絲牢牢綁緊。

4

取少許水苔包覆莖部,再輔以 U 形釘將螺絲與植物串成一線,左右各固定一根 U 形釘,往中間牢牢壓緊固定。

5

取中段高度的樹冰,先以 U 形釘固定,再加少許水苔壓實,接著以 U 形釘固定。

6

由於樹冰是雙頭,重量較重,若 U 形釘無法固定,可在前方加上一根螺絲,將樹冰卡在第一個螺絲點跟第二個螺絲點中間。

7

再將螺絲置於較粗的 #18 號鐵絲 U 形釘中間,往第一個螺絲點方向固定。

8

將秋麗置於樹冰後方,取比樹冰略矮的高度做出層次感。

9

以 U 形釘固定後加水苔壓實,再以 U 形釘確實固定。

24

10

樹冰與秋麗間再植入另一朵秋
麗，以加重粉白色系。

11

U 形釘的固定原理是將植物莖
部置於 U 形裡，再將 U 形釘
推到底，以讓 U 形的底部扣住
植物莖部，而上方的尖部則與
水苔做連結。

12

加上水苔壓實後以 U 形釘固定。

POINT

壓緊水苔的用意是，當水苔
乾燥時水苔會收縮，若不壓
緊實再固定，很容易呈鬆散
狀而固定不確實。當作品直
立時，會導致植物脫落。

再鎖上一根螺絲,將壓實的水苔藉由兩根螺絲間的空隙,緊緊卡住且與木板連結在一起。

取 U 形釘由鎖好的第三根螺絲往第一根螺絲方向固定,再取一支由第三根螺絲往第二根螺絲方向固定。
螺絲與螺絲間藉由 U 形釘的連結,就如同手指相扣般的結成網狀,把水苔壓在木板上。

取花薹開花的枝條卡進秋麗間空隙,讓花薹從縫隙間跳出,如此能表現出不同植物間彼此競爭生存空間的生命力。

取較細的鐵絲折成 U 形固定花薹莖部,因花薹莖部較細,固定時卡住即可,以免太用力而把莖部壓斷。

補上花薹及秋麗,以加重顏色的色塊。

18

加水苔壓實，以 U 形釘固定，若此時縫隙小或水苔太過紮實不好出力，可用尖嘴鉗夾住底部會較好出力，但要注意力道以免壓斷莖部。

19

取毛海星脫盆留少許土壤，以呈現 45 度角方式植於秋麗下方做收邊，再以 U 形釘固定。

20

將毛海星由前方往後做收邊，再取較高的樹冰種植於花葉圓貝草後方，先以 U 形釘固定後再加水苔壓實固定。

21

在毛海星旁加入較小朵的秋麗，以讓顏色有延伸作用，再輔以少量花簪確實固定。

22

轉至正面,樹冰前方取毛海星由側邊延伸至前方做收邊,再輔以少量水苔壓實。從毛海星側邊固定莖部,再用蓮座部分蓋住,以此類推依序往正面固定。

23

再取一株較矮的花葉圓貝草固定在正面的樹冰後方,以加重花葉圓貝草分量,展現出層次感。

24

黑王子以一較長的 U 形釘先行固定,U 形釘長度以不突出植物主體為原則,越長固定力越好。

25

下方再以水苔壓實,此時會因大朵黑王子的重量而有晃動現象,可在靠近莖部加根螺絲。

26

再以較粗、長的 U 形釘扣住螺
絲，往第一根及第二根螺絲的
方向確實固定。

27

加水苔確實壓緊，再以 U 形釘
固定。

28

前方黑王子與木板間的空隙利
用毛海星做收邊，確實把縫隙
補滿。

29

黑王子後方接近正中心，調整
好綠焰的面向，再以 U 形釘固
定。

30

後方空隙處以秋麗填補綠焰與
樹冰間的空隙，再以 U 形釘固
定。

31

取水苔將綠焰周邊及黑王子下方的空隙填滿,確實壓實後以U形釘固定。

32

再取另一棵黑王子,調整好面向後用一支較長的U形釘固定。

33

下方以水苔補足空隙,壓實後以U形釘固定,靠近莖部再鎖上一根螺絲。

34

同樣取較長的U形釘扣住螺絲,一支往之前的黑王子螺絲方向固定,另一支往第一個螺絲點方向固定。

35

再取一較矮的花葉圓貝草固定在黑王子與綠焰間,用U形釘固定後加水苔壓實。

36

前方取一株葉較繁盛的姬秋麗,輕輕地將黑王子的下葉往上撥,然後將姬秋麗的莖部卡入縫隙中。

37

38

再以 U 形釘固定,接著補些水
苔,壓實再固定。

後方的空隙以蔓蓮做收邊,以
U 形釘固定好且把空隙填滿。

02
展
現

FINISH

主角黑王子的黑對映著樹冰的白,
花葉圓貝草展現出層次感,而細碎
的小蓮座襯出大蓮座的大器優雅,
在這生命舞台上展現出無比生命力。

TIP

照顧方式

置於南面陽光充足處,充足的
日照會讓形態及顏色更加美麗,
澆水方式採少量多澆,或一次
給足水分等介質乾了再澆。

03 自喜

為心念的人料理，是件甜蜜的事。
砧板上豐富的多肉，想必設計作品時，
一股幸福快樂的喜悅也從心中油然升起。

設計理念

以同色系的麗娜蓮、粉紅佳人為主體，
姬朧月的紅與白閃冠的綠，
襯托出主體的白中帶粉。

03
自喜

盆器	多肉植物	工具
老舊的實木砧板	麗娜蓮、粉紅佳人、白閃冠、姬朧月、蔓蓮、小圓刀、波尼亞、琴爪菊	剪刀、尖嘴鉗、破壞剪、十字起子、螺絲、鐵絲 #20、#18、水苔

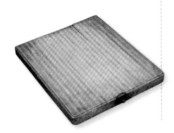

步驟示範

1

依序將兩根螺絲鎖在砧板上，鎖至螺絲固定不動即可，製作出兩根螺絲間的空隙。

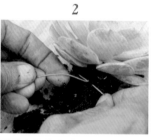

2

將最大朵的主體麗娜蓮莖部卡進預留的空隙中，再以較細的 #20 或 #22 號鐵絲將卡住部位確實綁牢。

3

周邊填入水苔後壓緊，再以 U 形釘固定，固定時螺絲要正好在 U 形釘裡，左右各固定一支。

4

右方先取直立的小圓刀以 U 形釘將其莖部固定在包覆於螺絲的水苔上，再塞入些許水苔壓實，以 U 形釘固定。

POINT

壓實水苔的動作要確實，水苔乾燥後會收縮，若沒壓實會因水苔的收縮而鬆散，導致植物體部分脫落。

5

取些許波尼亞覆蓋在小圓刀上，以 U 形釘固定莖部，再鋪些水苔，記得以 U 形釘固定好。

6

取第二朵麗娜蓮脫盆去土，將面相調整好後靠在固定好的波尼亞旁。

7

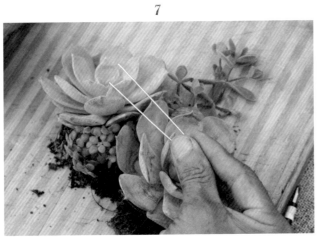

先測量兩朵麗娜蓮的中心長度，接著取 #18 號鐵絲折成 U 形，越粗的鐵絲用來固定大植株效果較好，長的 U 形釘是為了與固定在木板的螺絲做連結。

8

取適量水苔填補在麗娜蓮下方的空隙，壓實後再以 U 形釘固定。

9

這時植物會因重量問題，感覺其與木板是分開的，因此再鎖上一根螺絲。

10

螺絲固定至不會晃動即可，再取 U 形釘（第一點螺絲與第二點螺絲的長度），然後將螺絲置於 U 形釘中間，由第二點往第一點方向固定。

11

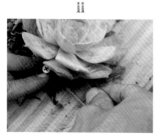

下方空隙處再以少量水苔填補，壓實後以 U 形釘固定以防水苔不夠緊實。

12

上方以小圓刀填補麗娜蓮與木板間的空隙，固定後再補些許水苔。

13

取一小束波尼亞，以 U 形釘固定後再取少量水苔壓實固定。

14

姬朧月調整好面向後，取 U 形釘固定，再鋪少量水苔壓實固定。

15

抓少量波尼亞蓋住姬朧月莖部，固定後鋪少許水苔壓實固定。

16

以相同手法固定波尼亞，填補麗娜蓮下方，再加水苔壓實固定。

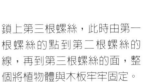

17

鎖上第三根螺絲，此時由第一
根螺絲的點到第二根螺絲的
線，再到第三根螺絲的面，整
個將植物體與木板牢牢固定。

18

放上第三棵主體，調整好面向
後往上方靠實。

19

左手輕輕扶住，再取兩支長 U
形釘，一支往第二點螺絲方向
固定，一支往第一點螺絲方向
固定。

20

以少量水苔填補下方空隙，壓
實後以 U 形釘固定。

21

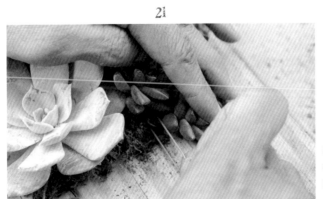

左方先依序固定麗娜蓮旁的兩
棵姬朧月，左手輕扶上方會比
較好施力。

22

鋪上少許水苔，壓實後以 U 形釘固定。

23

兩棵姬朧月中間補上另一棵姬朧月，此乃園藝上稱的三角種法。

24

在麗娜蓮與姬朧月中間空隙補上一棵姬朧月，目的是讓紅色色塊跟麗娜蓮的色塊大小一致。

25

固定些許波尼亞，讓波尼亞的綠點出姬朧月的紅。

26

固定與麗娜蓮色系接近，但形態小一點的粉紅佳人，這樣才有主從分別，也不會搶了主角風采。

27

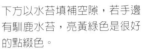

下方以水苔填補空隙，若手邊
有馴鹿水苔，亮黃綠色是很好
的點綴色。

28

同樣的，會因植物重量問題而
有些浮動，這時要再加一根螺
絲。

29

再取一或兩支長 U 形釘，一支
往第二根螺絲方向固定，一支
往第三根螺絲方向固定。

30

最後取些許波尼亞蓋住螺絲，
此時便完成了右上方的部分。

31

轉到左方，第一朵跟第三朵主
體間同樣採三角種法，把略小
的粉紅佳人植入。

32

利用 U 形釘扣住莖部，一支往
第一朵方向固定，一支往第三
朵方向固定。

33

調整一下面向，下方再補水苔
壓實，水苔不須多但要確實壓
緊固定。

34	35	36

兩者間再植入紅色系的姬朧月，以讓不同色系相互襯托。

與木板間的縫隙以波尼亞收邊，將縫隙填滿。

將水苔確實壓緊後，再補上一根螺絲，螺絲高度以看不到為原則。

37

取長的 U 形釘，一支往第一點螺絲方向固定，一支往第三點螺絲方向固定。

38	39	40

再植入一棵姬朧月以加重加大紅色系區塊，這樣跟粉紅佳人有顏色上的輝映，與麗娜蓮產生對比。

以兩朵小蔓蓮填補空隙，此設計能與麗娜蓮相互輝映，與姬朧月產生對比。

植入較大朵的蔓蓮，加重蔓蓮的藍白色系，最後加水苔壓實固定。

41

42

43

用手指或工具把水苔壓實固定
後，緊接著就是收尾動作。

剩下剛好一朵白閃冠的空間，
調整面向。

先將琴爪菊固定後，再以較長
的 U 形釘扣住莖部，因剩下的
空隙太小，無法用手指推 U 形
釘時，可用尖嘴鉗夾住底部輕
推固定。

03
自
喜

FINISH

若覺得作品單調，可加進相同
元素的湯匙或廚房小物件，讓
整個作品材料都有關聯性。

04 迎新

時代洪流中，
總有時起有時落。
擺脫拘泥的既有觀點型式，
迎向一個全然不同的新舞台。

設計理念　此為壁掛式作品，由於紅龜粿板沒有很大，用型態飽滿的 Tippy、女雛，加上細碎的黃金萬年草、小酒窩，表現出作品的細緻度。

04
迎
新

盆器

實木紅龜粿板

多肉植物

雪山景天、紅葉祭、紫夢、Tippy、黃麗、樹狀石蓮、女雛、黃金萬年草、大唐米、姬朧月、小酒窩

工具

剪刀、尖嘴鉗、破壞剪、鐵絲 #18、#20、螺絲、水苔

步驟示範

1

2

先將兩根螺絲中間留些許空隙鎖在板子上，鎖至螺絲不會晃動，將紅葉祭的莖部卡進兩根螺絲中間。

在螺絲周圍鋪上少許水苔，確實壓實，再以 U 形釘做固定，將第一個點確實固定。

POINT

螺絲的規格有很多種，因應植物及盆器大小，挑選長度及大小適中的螺絲。植物越大相對地螺絲需長一些，以能支撐植物重量為原則。

3

4

5

用少許黃金萬年草蓋住螺絲，再以 U 形釘固定，加水苔後再以 U 形釘固定一次。
Tippy 以 U 形釘往第一螺絲點先行固定，再取少許水苔包覆莖部，壓實後以 U 形釘固定。

左上方種植較小蓮座的Tippy，左手輕扶住主體，在固定 U 形釘時會比較好施力，若因莖部太短導致 U 形釘無法扣住，可用 U 形釘扣住兩三片下葉，以環抱莖部方式做固定。

下方加進少許黃金萬年草以填補兩朵 Tippy 間的空隙，一來跳色，二來以細小蓮座突顯較大的蓮座，確實以 U 形釘固定。

44

6

固定好後鎖上第三根螺絲，製造第二個螺絲點，再輔以兩支U形釘，一支扣住螺絲往第一朵 Tippy 方向固定，另一支扣住螺絲往第二朵 Tippy 方向固定。

7

兩朵 Tippy 間以三角種植方式植入第三朵 Tippy，讓主角的三朵 Tippy 成一群落，一來同品系的相呼應，二來也放大了同色系的色塊。

8

轉到右上方，用不同黃色系的黃麗與黃金萬年草做色系上的呼應，且襯托出主角 Tippy 的粉白。以 U 形釘先行固定後加少許水苔壓實固定。

9

下方用有些許長度的大唐米，一來大唐米的線條會增加主體的活潑性，二來深綠的大唐米會襯出黃麗與 Tippy 色彩，以 U 形釘固定大唐米莖部，再加少許水苔壓實後以 U 形釘固定。

10

下方再植入黃麗，調整好面向後先以 U 形釘固定，再補少許水苔，壓實後以 U 形釘固定。

11

鎖上第四根螺絲，製造與木板的第三個連接點，接著輔以 U 形釘讓連結點與已經種植好的部分做連結。

取一小條小酒窩種植於黃麗下方，製造向下延伸的線條與垂墜感。

在 Tippy 下方植入二朵紫夢，接著加少許水苔壓實，再植入一較長的小酒窩與上方的小酒窩作呼應，加重垂墜性。

Tippy 與紫夢間植入少許黃金萬年草做跳色，以 U 形釘固定後加水苔壓實。

15

由右往左植入兩朵女雛，此時便不難看出在植物的挑選上，主角與配角在大小上的差別，主角一定是主要焦點所在，配角是輔佐主角，所以不宜過大而搶了主角光環。

16

左手輕扶已經植好的主體，用指頭把水苔部分壓實，確保主體水苔部分緊實而不鬆散，以免動作不確實而導致脫落。

04
迎新

17

取具線條感的樹狀石蓮，剪下需要的長度，將莖部底端藏在紫夢的蓮座下，再以 U 形釘固定。

18

剪取一段約前朵一半長度的樹狀石蓮，莖部用 U 形釘固定在紫夢蓮座下方。

19

取少量黃金萬年草覆蓋樹狀石蓮莖部做收邊動作。

20

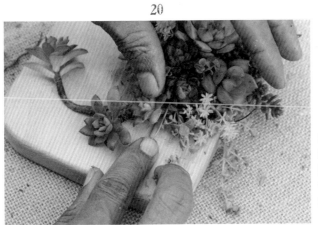

再剪取一朵樹狀石蓮，長度比第二朵短，種植於紫夢與女雛間的空隙。同品系的樹狀石蓮會因高低層次不同，因而將視線由主體往留白處延伸。

樹狀石蓮莖部同樣以黃金萬年草做收邊，上方再以小朵的姬朧月收邊，讓姬朧月的紅與紫夢的紫紅色做呼應，讓紅色系由後方往前方延伸。

再鎖上一根螺絲，補強主體與木板的連結，愈外圍因水苔層很薄，所用的螺絲相對就越短小，再以 U 形釘往主體方向固定跟主體做連結。

Tippy 與女雛間以三角種植方式植入姬朧月，加強紅色色塊，下方再以黃金萬年草做收邊。

上方位置植入雪山景天，以 U 形釘固定，再加水苔壓實固定，做上方的收邊。

25

兩朵 Tippy 間補上些許黃金萬
年草，讓黃色系有所連結，再
以少許小酒窩抓成小束做收邊
動作。

26

若有小縫隙，可用鐵絲輕輕挑
起葉片，直接將小朵的萬年草
類卡進葉片空隙。

04
迎
新

🐝 TIP

照顧方式
置於南面向陽的日照
充足環境，採一次介
質澆到溼透方式，或
少量噴至表面潮溼的
多次給水方式。

FINISH

留白可增加想像空間，
樹狀石蓮為主體增加了
線條感而不顯呆板，也
讓主角 Tippy 顯得更為
亮眼。

05 轉折

人生就如同樹枝一樣，遇到阻礙，便會有轉折，
無法一路的順暢平整，然而，這轉折會讓樹幹越來越茁壯，
也讓樹根愈發紮實更耐得住風吹雨打，而成就一棵穩健的大樹。

設計理念

順著樹幹凹槽，用滿滿的卷娟填補樹幹空缺，
一朵朵的蓮座展現群聚的原始美。

盆器	多肉植物	工具
漂流木樹枝	觀音卷娟、薄雪萬年草	剪刀、尖嘴鉗、破壞剪、十字起子、鐵絲#18、#20、螺絲、水苔

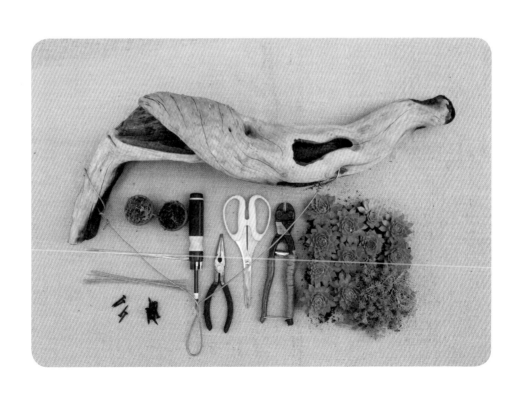

1

漂流木剛好有個近似 V 字形的凹洞，利用樹枝本身的形態加以利用。在 V 字形底端最窄處，將卷娟脫盆帶土球種植於最底部。

2

樹幹空隙處填入原本的土壤或用水苔填補空隙，壓實後以 U 形釘做固定。

3

將薄雪萬年草莖部抓成一小束，再以 U 形釘固定，加上少許水苔，壓實後再以 U 形釘確實固定。

4

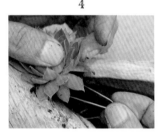

植入一棵卷娟，先用 U 形釘扣住莖部，再加土壤或水苔填補樹幹間的空隙。

5

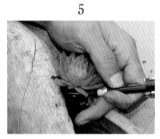

此時因來到樹洞開口較大處，為防止植物脫落，可橫向鎖上一根螺絲，牢牢地將植物往底部壓實。

6

再以一支 U 形釘扣住螺絲，往底部方向做固定。

7

再種植一棵卷娟，以 U 形釘扣住莖部，往底部方向固定，再加少許水苔壓實後以 U 形釘固定。

8

下方空隙同樣再種植一棵卷娟，此時約略為主體的中間位置，所以挑蓮座較為大朵的卷娟，同樣以 U 形釘固定。

9

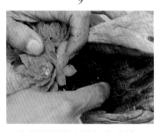

下方樹幹間的空隙加入土壤，確實往底部壓實。

10
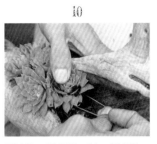

再植入一棵卷娟，以 U 形釘先行固定，此時 U 形釘的長度可長一些，以讓整個植物串在一起。

11

接著橫向鎖上一根螺絲，螺絲可撐住卷娟，亦可固定介質。

12
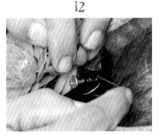

取一支較長的 U 形釘扣住螺絲，往底部方向固定，讓螺絲與整個植物體連成一串。

13

將薄雪萬年草莖部抓成一小串，再以 U 形釘固定，加少許水苔壓實後再以 U 形釘固定。

14

萬年草上方再種植一棵卷娟，以 U 形釘固定，再加少許水苔壓實，並以 U 形釘固定。

15

上方加進薄雪萬年草，其可襯托出卷娟，且不會因單一物種形態而顯得單調。

16
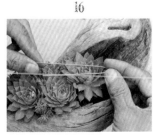

上方再植入一棵卷娟，此時的 U 形釘長度可長些，以讓兩朵卷娟有所連結，但以不露出主體為原則。

17
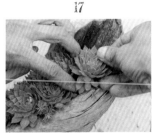

來到 V 形開口處，注意卷娟的面向，將前一棵往下壓實再種植另一棵卷娟。

18
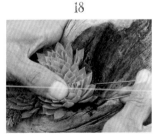

以 U 形釘扣住莖部先行固定，再加水苔壓實，確實以 U 形釘固定。

19

再鎖上一根螺絲，藉由前面兩根橫向的螺絲與此次直立的螺
絲，將植物與介質牢牢地卡在樹洞中。

20

螺絲上方種植一棵卷娟以掩蓋
住螺絲，以 U 形釘固定再加水
苔壓實，並以 U 形釘固定。

21

上方補上薄雪萬年草，將莖部
抓成一小束後以 U 形釘固定，
再加水苔壓實，確實以 U 形釘
固定。

22

再補上一棵卷娟，此時因空隙
小不易固定，可用 U 形釘扣
住卷娟的下葉，以環抱方式固
定。

23

24

25

旁邊再以黃綠色的馴鹿水苔作
裝飾，一來可讓顏色突顯，二
來可增添原始風格。

細長空隙處可種植薄雪萬年
草，以 U 形釘卡住即可。

再以 U 形釘固定馴鹿水苔，或
直接將馴鹿水苔塞在縫隙中。

05
轉
折

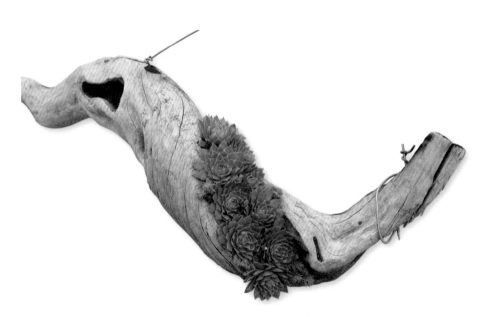

 TIP

照顧方式
置於南面日照充足向陽處，水
分以一次將介質澆溼，或只噴
溼植物表面的少量多次澆水方
式。

FINISH

順著樹洞轉折蜿蜒生長的卷娟，展現
出順應情勢、悠然自得的從容。

06 風華

一圈圈的年輪，訴說著年過一年的時光歲月，
斑駁的樹皮，經歷過多少風風雨雨，
曾經老去的風華，唯獨記憶不曾褪去。

設計理念

此為平放式作品，豐富的金色光輝作為主體，加上直立的扇雀與福娘，在斑駁的原木樹皮襯托下，盡展生命風華。

06 風華

盆器

修剪後取下的一段原木樹幹

多肉植物

福娘、扇雀、碧玲、立田錦、不死鳥、金色光輝、印地卡、黃金萬年草、姬朧月、波尼亞、姬秋麗

工具

剪刀、尖嘴鉗、破壞剪、十字起子、鐵絲#18、#20、螺絲、水苔

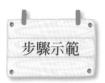
1

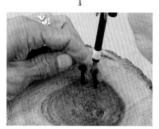

兩根螺絲中間留些許空隙,並排鎖在樹幹的 1 / 3 處,鎖至螺絲牢固不動即可,製造第一個與木頭間的連接點。

2

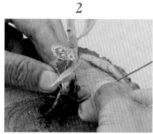

將扇雀的莖底部卡進預留的兩根螺絲間,再以細鐵絲圈住兩根螺絲,把扇雀牢牢綁在鐵絲上。

3

再加入一棵較矮的扇雀,同樣以細鐵絲將扇雀跟螺絲綁緊,加少許水苔壓實,並以 U 形釘固定。

4

取最大朵的金色光輝當主角,蓮座的面朝上,先以 U 形釘固定在扇雀下方,於莖部加水苔壓實,以 U 形釘固定。

5

於金色光輝側邊再植入第二棵金色光輝,此時面相約呈 45 度角,先以 U 形釘固定。

6

莖部用少許水苔壓實後以 U 形釘固定,確實把第一個連結點固定牢靠。

7

水苔固定紮實後在旁邊鎖上螺絲,製造第二個與木頭間的連結點,並用 U 形釘扣住螺絲,往第一個連結點方向固定,讓兩個連結點因為 U 形釘,由一點的連結變成兩個點成一線的固定。

8

將黃金萬年草莖部抓成一小束，以U形釘固定在金色光輝下方，加少許水苔壓實後以U形釘固定。

9

兩朵金色光輝間以三角種法，植入一棵比金色光輝小的姬朧月，先以U形釘固定，在莖部加水苔壓實後以U形釘固定。

10

將少許波尼亞莖部抓成一小束，再以U形釘固定於姬朧月下方，加少許水苔壓實，確實以U形釘固定好。

11

金色光輝與姬朧月中間以U形釘固定，另一棵姬朧月置於兩棵姬朧月間，以U形釘固定第三棵姬朧月，加重紅色系。

12

再鎖上一根螺絲，製造第三個與木頭間的連結點。

13

先將姬朧月下方空隙以水苔填補，再用兩支U形釘扣住第三個連結點（螺絲），一支往第二個連結點方向做固定，一支往第一個連結點方向做固定。加上先前由第二個連結點往第一個連結點固定的U形釘，就成為一個面，即能牢牢把種植好的主體與木頭做完整結合。

14

姬朧月下方再補些波尼亞做收邊，將碧玲的莖部底端以 U 形釘固定在壓實的水苔上，做垂墜的效果與動線。

15

若碧玲過長可將中段莖部以 U 形釘固定在波尼亞下方，利用波尼亞掩蓋住 U 形釘。

16

植入女雛，若因蓮座密集莖部很短時，可用 U 形釘扣住下葉，以環抱植株方式固定。小心地將 U 形釘慢慢推進女雛的下葉裡。

17

取一棵高度約金色光輝兩倍高的扇雀植於金色光輝前，以 U 形釘固定後補些水苔壓實，確實以 U 形釘固定。

18

轉至前方，女雛下方以黃金萬年草做收邊，抓成一小束，再以 U 形釘固定莖部。

19

扇雀與女雛中間植入不死鳥，以不死鳥特有的棒狀葉去襯出蓮座與扇雀的白。

20

再鎖上一根螺絲加強與木頭的連結，接著以 U 形釘扣住，讓螺絲與完成的主體連結。

21

女雛下方再植入姬秋麗，以 U 形釘固定後再用少許水苔壓實，並再以 U 形釘固定。

22

不死鳥與姬秋麗間植入印地卡，先以 U 形釘固定，再加水苔壓實。

23

取一棵有線條的福娘植在不死鳥
後方,並以 U 形釘固定莖部。

24

福娘下方植入扇雀,扇雀高度
比不死鳥高些即可,製造層次
感。

25

前方再植入女雛,同樣以 U 形
釘扣住下葉,將女雛固定好。

26

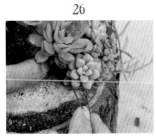

前方依序補上波尼亞,植入姬
秋麗,沿著木頭弧度做收邊。

27

前方再種植些黃金萬年草作為
跳色,一部分往內縮,露出木
頭原貌。

28

中央部分植入蓮座較大的立田
錦、有弧度線條的福娘,將福
娘莖部藏在立田錦下方並以 U
形釘固定,加少許水苔壓實。

29

福娘下方因葉片不多，可用扇雀填補，以製造層次感且
加重白色系，接著以 U 形釘固定，並加水苔壓實。

30

下方再加上兩棵紅色系印地卡
作為跳色，並以 U 形釘固定，
加水苔壓實。

31

順著做好的主體結構由前往後
做收邊，先固定一棵姬秋麗，
再取少量波尼亞抓成小束，固
定在扇雀下方。

32

取少量黃金萬年草將莖部抓成
小束，以 U 形釘固定在立田錦
下方。

33	34	35

再往左方固定兩至三朵印地卡，一來突顯顏色，二來在細碎的草類間跳出蓮座，創造形態上的反差。

再以不死鳥小植株填滿其他空隙，製造群落的感覺。

前方再以黃金萬年草做收邊，讓其跟右方的黃金萬年草相呼應，並襯出不死鳥的顏色。

06
風
華

🐝 TIP

照顧方式
置於南面向陽日照充足處，水分以一次將介質澆至溼透，或等介質乾了再澆方式，也可噴溼介質表面，採少量多次澆水方式。

FINISH

斑駁的樹幹
訴說著歲月痕跡，
多肉的豐盛
展現出生命風華。

07 傲立

老植株有種堅韌的風韻，
雖只是單一種的品系，
卻能表現出一份傲然，
亭亭玉立的姿態。

設計理念

此為平放式作品，老樹頭搭配上老姿態的千兔耳，
激盪出一份和諧與蒼勁之感。

盆器

塊狀的老樹頭

多肉植物

有枝幹線條且有高低
層次的千兔耳

工具

剪刀、尖嘴鉗、十字
起子、破壞剪、鐵絲
#18、#20、螺絲、水
苔

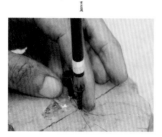

1

先取兩根螺絲並排鎖在木頭上,中間預留千兔耳莖寬的空隙。

2

將千兔耳脫盆去土,取最高的千兔耳將多餘下葉拔除,將莖部卡在兩根螺絲間。

3

取 #20 號鐵絲或更細的鐵絲將千兔耳莖部與螺絲緊緊綁牢。

4

待綁牢後用破壞剪剪除多餘鐵絲。

5

取些許水苔包覆在螺絲周圍,壓實後用 U 形釘固定。

6

取另一棵高度較矮的千兔耳以 U 形釘固定在右方,再以少許水苔壓實。

7

左方再挑選另一棵有斜線條的植株,高度比最高的主體矮些,接著以 U 形釘固定。

8

鎖上螺絲,製造第二個與木頭間的連結點,補上 U 形釘,扣住螺絲往第一個連結點方向固定。

9

將根部覆上水苔後壓實,接著以 U 形釘將水苔固定,製造一個紮實的水苔球。

利用千兔耳的多頭性及歲月塑
造出的線條,另取一往外延伸
的植株。

以 U 形釘將莖部固定在水苔
上,若一支固定不了,可增加
支數。

下方填補水苔壓實後,再以 U 形釘確實固定。

13

此時可略為調整千兔耳的層次，減除過分擁擠的枝條，將上中下層次抓出來。

14

剪下來的枝條若高度適中，可用來補下方的空隙，同樣以 U 形釘固定，補水苔壓實。

15

左下方以馴鹿水苔覆蓋做收邊，黃綠色的馴鹿水苔可營造近似森林底部青苔的景象。

16

同樣以 U 形釘做固定，馴鹿水苔維持其原本蓬鬆的型態即可。

17

右方再覆蓋上一層綠色水苔製造不同色塊，也營造出不同種類青苔生長的感覺。

18

再於右方綠色水苔上覆蓋些許馴鹿水苔，同樣以 U 形釘固定。

19

剪取一小段頂芽用 U 形釘固定在前方的位置，讓前方不會顯得空洞。

20

再以馴鹿水苔蓋住莖部做收邊，同樣以 U 形釘確實固定。

21

左方部位同樣剪取一小段頂芽以補左方空隙，將莖部先插入水苔中，再以 U 形釘做固定。

22

下方再以少許不同顏色的馴鹿水苔蓋住莖部，並以 U 形釘固定，製造不同種類青苔的效果。

07
傲
立

TIP

照顧方式

置於南面向陽日照充足處，水分以一次將介質澆溼，等介質乾了再澆水，或澆溼表面介質，採少量多次方式。

FINISH

宛如一座迷你小森林
傲然挺立生長在山邊
石頭上。

Chapter

2

運 用 篇

　　不同元素其所呈現出的質感各有特色，例如：生鏽的
鐵件，散發著一種時間淬鍊過的滄桑；不同型態的漂流木，
表現出大自然的鬼斧神工；凡經過時間與自然淬鍊的物質，
在在都表現出其經時間與自然重新塑造過的原始魅力。

將不同的元素結合在一起，運用一些巧思，撞擊出的又是一種另類的美感，植入多肉植物，運用植物生命力的反差，去表現這些元素的特有質地特性，帶出回歸自然的原始。

　　其實這些元素都有著一個共通點，那就是皆經過大自然及時間磨鍊過的產物，而這個共通點，串起整個作品的關聯性，讓彼此不同元素間，顯得相容而不突兀。

　　運用篇中為大家介紹的是如何運用不同材質的元素，與木頭做結合，加上一些天馬行空想法所呈現出的創意作品。

08 植樹

高聳直立的大樹，散發著威武與堅毅氣質，
將這份巍峨鑲嵌在木板上，
也植在心板上，成就心中巍然屹立的大樹。

此為壁掛式立面作品，利用樹枝與木板的結合當作樹幹，再植入多肉植物營造出樹冠層，表現出大樹的感覺。

設計理念

盆器

先將一長一短的樹枝以螺絲或鐵釘固定在木板上。

多肉植物

玉蝶、玫瑰景天、姬秋麗、姬朧月、樹狀石蓮、黃金萬年草、薄雪萬年草、大銀明色

工具

剪刀、尖嘴鉗、破壞剪、十字起子（小鐵鎚）、鐵絲#18、#20、螺絲、水苔

1

兩根螺絲鎖在樹枝上方位置（預留玉蝶莖部的空間），製造第一個與木板間的連接點，若木板太硬螺絲不好鎖，可先用鐵鎚敲打螺絲。

2

將玉蝶莖部卡進預留縫隙中，再以細鐵絲將其莖部與螺絲綁緊。

3

剪除多餘鐵絲，莖部再填補水苔，壓實後以 U 形釘固定。

4

利用樹枝與螺絲間的空隙，將另一朵玉蝶莖部先行以 U 形釘往第一個連結點方向固定，再於莖部填補水苔，壓實後以 U 形釘固定。

5

取適量玫瑰景天將其莖部抓成一小把，先以 U 形釘往第一連結點方向固定，再補少許水苔，壓實後以 U 形釘固定。

6

下方加入姬朧月，先行以 U 形釘固定，再加水苔壓實。

7

接著取第三棵玉蝶，用 #18 號鐵絲對折為 U 形釘，長度約到第一連結點。

8

將 U 形釘扣住玉蝶莖部，左手輕扶主體，輕推往第一連結點方向固定。

9

下方莖部空隙處補上水苔，壓實後以 U 形釘固定。

10

姬朧月與玉蝶間再鎖上一根螺絲，製造第二個連結點。

11

再以較長的 U 形釘扣住螺絲，往第一個連結點方向固定。

12

下方靠著樹枝再補上一棵姬朧月，營造出葉片浮在樹枝上，樹葉蓋住樹枝的感覺，接著以 U 形釘固定，補水苔壓實。

13

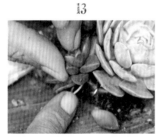

補上一棵姬朧月蓋住螺絲，再以 U 形釘固定。用三棵姬朧月加重紅色系。

14

撥起姬朧月下葉，由樹枝旁開始將黃金萬年草抓成小束，以 U 形釘固定莖部往上方做收邊。

15

加少許水苔壓實，再以 U 形釘固定。

16

在黃金萬年草旁加上姬秋麗，以 U 形釘固定後再加少許水苔壓實固定。

17

上方與玉蝶間的空隙補上黃金萬年草以作為跳色。

18

由上方開始補上小朵的大銀明色，並以 U 形釘固定。

19

補少許水苔後壓實，並以 U 形釘固定。

20

再往上方，取少量黃金萬年草將莖部抓成一小束，並以 U 形釘固定，加少量水苔壓實。

21

取三棵樹狀石蓮依序植入，並以 U 形釘固定，此時要注意植物的面相及高度。

22

讓三朵樹狀石蓮的面向剛好呈現弧形。

23

在莖部補上少許水苔後壓實，再以 U 形釘固定。

24

鎖上螺絲，製造第三個連結點，輔以兩支較長的 U 形釘扣住螺絲，一支往第一個連結點方向固定，另一支往第二個連結點方向固定。

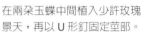

25

在兩朵玉蝶中間植入少許玫瑰景天，再以 U 形釘固定莖部。

26

下方取少許薄雪萬年草做收邊，先將莖部抓成一小束並以 U 形釘固定，再加少許水苔。

27

植入另一朵玉蝶，由於莖部較短，可以 U 形釘卡住下葉的方式做固定。

28

手指不好出力時，可用尖嘴鉗夾住 U 形釘輕推。

29

下方空隙處補上水苔，壓實後以 U 形釘固定。

30

下方再以薄雪萬年草做收邊，莖部抓成小束後以 U 形釘固定，加水苔壓實。

31

兩朵玉蝶間採三角種法植入一朵姬朧月，以尖嘴鉗夾住 U 形釘固定，再加少許水苔壓實。

32	33	34

再補上薄雪萬年草做收邊，以U形釘固定。	加少許玫瑰景天做跳色，雖同為收邊的草類，但不同形態跟顏色可相互襯托。	最後，先從右方靠近樹枝處補上黃金萬年草，然後植入一朵姬朧月。在兩朵玉蝶間，以三角種法植入一朵姬朧月，加水苔壓實固定。

35

左方植入一朵較小的玉蝶後加水苔固定，鎖上一根螺絲製造第四個連結點，取兩支較長的U形釘，一支往第三個連結點固定，一支往第一個連結點固定。

36	37	38

左方以薄雪萬年草做收邊，再加些許玫瑰景天做跳色（日照強、溫差大時會呈紅色，而跟姬朧月成同色系）。	右方補上與姬朧月同色系的大銀明色，下方再植入姬秋麗作為跳色。	薄雪萬年草與玫瑰景天中間補上一朵蓮座形大銀明色；右方姬朧月與大銀明色間再植入一朵大銀明色加重紅色系。

39

最後以黃金萬年草做收邊。

40

若發現完成的主體蓮座與蓮座間有較大空隙,可反轉 U 形釘。

41

以 U 形釘圓弧部位將草類輕輕卡進葉片空隙中,讓草類莖部碰到水苔即可。

42

上方主體完成時轉到下方另一根樹幹,配合樹幹粗細,相對應的植物形態也小一些。

43

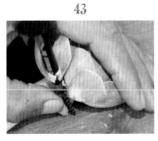

利用樹枝鎖上螺絲,將玉蝶卡在樹枝與螺絲間,此時螺絲不見得要鎖正,也可鎖斜的,將莖部壓在木板上。

44

再以一根細鐵絲將螺絲、玉蝶莖部與樹枝綁緊,確實將第一個連結點固定好。

45

在玉蝶莖部加少許水苔,壓實後以短 U 形釘固定。

取少許黃金萬年草塞進玉蝶下葉的空隙，加少許水苔後以 U 形釘往第一個連結點方向固定。

取另一朵玉蝶讓其浮在樹枝上方，莖部往樹枝側面靠緊。

再取較長的 U 形釘由下往上扣住玉蝶莖部，往第一個連結點方向固定，下方空隙再補上水苔壓實。

取黃金萬年草做收邊，此時可挑較為矮小的植株，保留些許根部土球，以 45 度角植入。

轉到左半邊，先在玉蝶下方空隙塞進黃金萬年草做收邊；接著固定少許玫瑰景天，以填補兩朵玉蝶間的空隙，再用 U 形釘固定第三朵較小的玉蝶。

填入少許水苔並以 U 形釘固定，鎖上第二根螺絲。

以 U 形釘扣住螺絲。

53	54	55

兩朵玉蝶間空隙以玫瑰景天填補，下方再以黃金萬年草做收邊，下方植入一朵大銀明色，U 形釘則由下往上方固定。

加水苔壓實固定，再補上兩朵大銀明色，以加重紅色系。

以黃金萬年草填補大銀明色下方空隙做收邊，由於黃金萬年草莖部很細，所以用細 U 形釘做固定即可。

08
植樹

FINISH
一棵生意盎然的樹
活生生地樹立在木板上。

TIP

照顧方式
置於南面向陽日照充足處，水分以一次將介質完全澆溼，或採少量多次澆水方式。

09 鍊戀

一個環節扣著一個環節，彼此相互牽動著。
鍊著的是一種互相牽絆，戀著的是一份互相依偎。

設計理念

此為壁掛式立面作品，利用生鏽淘汰的鏈條，採環狀固定在木板周圍，讓單調的木板多一份變化。接著再以薄化妝的綠，摩氏玉蓮的咖啡綠與鏈條的鏽，運用同色系與對比色系，讓生物與無生物間產生關連性，為作品增添生動元素。

盆器	**多肉植物**	**工具**
木板加上生鏽的鏈條	薄化妝、碧玲、摩氏玉蓮、小圓刀、萬年草	剪刀、尖嘴鉗、破壞剪、十字起子、鐵絲#18、#20、螺絲、水苔

09 鏈戀

1

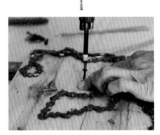

2

木板分成上下兩個主體，上方
較小，下方較大。於下方較大
的木板空位處鎖上螺絲，製造
第一個連接點。

將薄化妝莖部左邊靠著螺絲，
右方鎖上另一根螺絲。利用兩
根螺絲夾住薄化妝莖部，確實
把第一個連結點固定好。

3

再取另一叢薄化妝，大小高低都比先前的薄化妝小。留下土團將莖部由下往上靠在第一個連接點，
下方再鎖上一根螺絲製造第二個連結點。

4

取水苔覆蓋莖部壓實後以 U 形釘固定，上方空隙處補上一朵蓮座較完整的薄化妝，再加水苔壓實固定。

5

轉到側邊，再將薄化妝莖部固定在水苔上，讓蓮座在鏈條上，營造自然且栽植很久的效果。

6

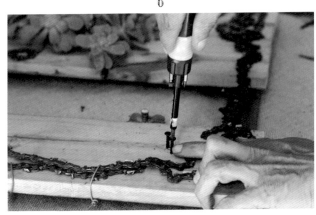

轉到對角線的上方木板，鎖上兩根螺絲，螺絲間預留摩氏玉蓮莖部大小的空隙。

7

將摩氏玉蓮莖部卡進預留空隙中，再以鐵絲將螺絲與莖部綁在一起。

8

確實綁牢後加少許水苔壓實，並以 U 形釘固定。

9

上方以 U 形釘扣住摩氏玉蓮莖部，往第一個螺絲方向固定。

10

兩朵摩氏玉蓮間再植入一棵摩氏玉蓮蓋住螺絲，用少許水苔填補莖部空隙，側邊再以碧玲填補空隙
做收邊，可用一條較長的碧玲製造垂墜感。

11

第三朵摩氏玉蓮下方鎖上螺絲
以加強與木板間的連結。

12

取二支 U 形釘扣住螺絲，分別
往不同方向的摩氏玉蓮固定，
加少許水苔壓實。

13

第三朵摩氏玉蓮下方植入綠色
小圓刀作為跳色。

14

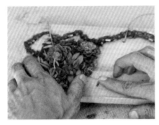

先以 U 形釘固定後再加少許水
苔，壓實後以 U 形釘固定。

15

最後的空隙取一小束萬年草做
收邊，側邊固定莖部再將葉片
撥正。

FINISH

雖然用的植物不多，薄化妝的
綠卻能襯托出鏈條的存在，沿
著鏈條的動線走，又會遇上同
色調的摩氏玉蓮，對應的兩個
主體，因鍊而有著一分依戀。

 TIP

照顧方式

置於南面向陽日照充足處，水分
以一次將介質澆溼的給水方式，
或只澆溼植物表面，採少量多次
給水法。

10 禪繞

禪　是簡單亦是清明，纏　是繁瑣亦是複雜。
禪與纏間，繞個彎，簡單與繁瑣間，清明與複雜間，
也能明一份中庸的道。

此為平放式立面作品，運用粗棉繩以鐵釘固定在木板上，讓平面的木板增加動感，再以植物及石頭相互搭配，運用石頭的留白點出禪味，搭上豐盛多樣的植物帶出繁瑣，這簡單與複雜間碰撞出的是生命的美好。

盆器

木板上以粗棉繩纏繞出所要的樣式，再以鐵釘或螺絲固定棉繩。

多肉植物

月光兔、史瑞克、天錦章、銀紅蓮、秋麗、毛姬星美人、波尼亞、姬朧月、黃金萬年草、紐倫堡珍珠、香蕉石蓮、迷你蓮

工具

剪刀、尖嘴鉗、破壞剪、十字起子、鐵絲#18、#20、螺絲、水苔、碎石、石頭

步驟示範

10
禪繞

1

將月光兔種植在木板 1 / 3 處,先利用棉繩卡住月光兔。

2

土球旁鎖上一根螺絲,以 U 形釘扣住螺絲。

3

前方再補上一棵較矮的月光兔,同樣以 U 形釘往第一棵月光兔土球方向固定。

4

前方再植入秋麗,利用棉繩為邊緣固定。

5

秋麗後方再植入一棵較小的秋麗,接著以 U 形釘做固定。

6

前方植入少許黃金萬年草,部分植株越過棉繩,營造長久生長的型態。

7

黃金萬年草旁再補上一棵秋麗,後方植入天錦章,讓線條順著木板往右方延伸。

91

<table>
<tr>
<td align="center">8</td>
<td align="center">9</td>
<td align="center">10</td>
</tr>
</table>

植入紐倫堡珍珠，下方以 U 形釘扣住莖部做固定。

前方棉繩旁以少量黃金萬年草做收邊，後方天錦章下方再以一顆石頭固定其角度。

秋麗與紐倫堡珍珠間空隙植入姬朧月，下方莖部若有空隙則填補土壤介質或水苔，往中間壓實。

11

前方植入毛姬星美人，然後把下方介質往中間壓實。

12

上方紐倫堡珍珠與石頭間縫隙
植入少許黃金萬年草做跳色，
毛姬星美人旁再放一顆石頭，
往中間壓實固定石頭，剩餘與
棉繩間的空隙再補上碎石頭，
右半部完成。

10
禪
繞

13

轉到左半部，利用棉繩間的空
隙植入兩棵紐倫堡珍珠，下方
再填入介質或水苔壓實。

14

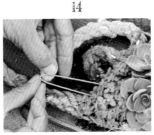

前方植入波尼亞，以一支較長
的 U 形釘往種植好的主體固
定。

15

往左在棉繩間空間較小的位置
植入史瑞克，在其莖部前方鎖
上一根螺絲，利用螺絲將史瑞
克壓在棉繩上做固定。

16

前方植入銀紅蓮，後方再植入香
蕉石蓮，下方補上介質或水苔壓
實。

17

前方以黃金萬年草做收邊，做出些許往下長的型態，後方補上一棵姬朧月。

18

黃金萬年草旁靠著棉繩補上一顆石頭，往左壓把介質壓實。

19

石頭與姬朧月間空隙補上一小朵秋麗，再以碎石頭填滿棉繩間的空隙。

20

在史瑞克左方植入一棵銀紅蓮，以 U 形釘固定。

21

前方再以黃金萬年草做收邊，加土壤或水苔壓實，並以 U 形釘固定。

22

銀紅蓮上方空隙補上一棵姬朧月，高度比銀紅蓮高些，再於下方壓一顆石頭固定。

23

後方空隙以黃金萬年草做收邊。

24

25

銀紅蓮下方石頭與棉繩間空隙植入一棵迷你蓮，再壓上一顆較扁平的石頭，石頭前方種植迷你蓮。

於迷你蓮旁種植少許毛姬星美人，再將剩餘空隙以碎石頭填滿。

10
禪繞

FINISH
一個纏繞著生命與禪意的作品就完成了。

 TIP

照顧方式
置於南面向陽日照充足處，給水以一次將介質澆透，讓其吸飽水分，待介質乾了再澆水，或只把植物或介質表面噴溼的少量多次澆水方式。

11 轉變

一個可能加一個可能，就能轉變成無限可能。
一塊木頭加上一塊木頭，雖然只是形態上的變化，
卻能以各式各樣的姿態，讓生活有莫大的轉變。

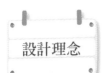

設計理念

此為平放式直立作品，大小兩塊木頭加上細鐵條，就成了可愛的麋鹿造型，運用多肉植物作為其鬃毛，讓作品顯得更為活潑生動。

盆器

兩塊大小不同的木頭，加上粗鐵絲做成的麋鹿。

多肉植物

荒波、照波、銀箭、紅葉祭、母子蓮、黃金萬年草、雨心、薄雪萬年草

工具

剪刀、尖嘴鉗、破壞剪、十字起子、鐵絲#18、#20、螺絲、水苔

1

在麋鹿脖子位置，左右平行各鎖上一根螺絲，螺絲與細鐵條間要留些空隙。

2

將紅葉祭莖部卡進預留空隙中，左右各一棵，再加水苔覆蓋。

3

將水苔壓實，左右各一支U形釘扣住螺絲做固定，也可用細鐵絲將整個螺絲綑綁固定。

4

下方再植入一小搓群生的母子蓮，接著以U形釘固定莖部。

5

母子蓮與紅葉祭間的空隙植入一小束黃金萬年草做跳色，再以U形釘固定。

6

左方再植入群生的母子蓮，並以U形釘將莖部固定在水苔上。

7

莖部以少許水苔覆蓋，壓實再以U形釘固定。

8

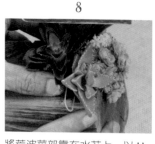

將荒波莖部靠在水苔上，以U形釘做假固定。

9

轉到右方，同樣先補上少許黃金萬年草與母子蓮，再將荒波做假固定。

10

在荒波莖部旁鎖上一根短螺
絲。

11

以 U 形釘扣住螺絲，往壓實的
水苔方向固定。

12

左方同樣在荒波莖部旁鎖上螺
絲，若木頭太硬，可先用鐵鎚敲
一下十字起子或螺絲，以免施力
不均而傷到手指。

13

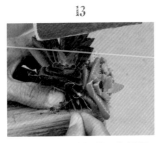

再以 U 形釘扣住螺絲，往壓實
的水苔方向固定。

14

將黃金萬年草植入下葉與木頭
間的空隙做收邊。

15

植入雨心讓其往下作延伸。

16

轉到右方，同樣先植入黃金萬年草做收邊，再補上雨心，讓視線從正面看時植物為左右對稱。

17

在荒波後方植入黃金萬年草做側面的收邊。

18

紅葉祭後方再各自植入一棵銀箭，高度比紅葉祭略高一些。

19

另一側植入黃金萬年草做收邊，根部再覆蓋少許水苔，以U形釘固定。

20

後方正中間植入照波，以略長的U形釘往壓實的水苔球方向做固定。

21

側面黃金萬年草後方植入一小束薄雪萬年草。

22

再取一小束黃金萬年草做跳色，往身體中心做延伸。

23

另一面同樣以薄雪萬年草植於
側面的黃金萬年草後方。

24

再以黃金萬年草做最後的收尾
動作。

川
轉
變

FINISH

披著多肉鬃毛的麋鹿，在
這轉變中多了分燦爛活力。

TIP

照顧方式

置於南面向陽日照充足處，
給水以一次澆溼介質，或少
量多次的給水方式。

101

12 平實

葉片圓圓大大的唐印，總給人一種平實的感覺，
然而時節一到，它也能展現出光鮮炫目的丰采。

設計理念

此為壁掛式立面作品，運用單一種大型的唐印，雖無加入其他品系，然而唐印在轉紅時刻，其呈現出的色彩變化相當豐富，同樣會讓人眼睛為之一亮。

12 平實

盆器

《瘋多肉！跟著多肉玩家學組盆》一書中，「歲歲疊疊」作品的盆器因外力毀損而留下的木板。

多肉植物

不同大小的唐印

工具

剪刀、尖嘴鉗、破壞剪、十字起子、鐵絲#18、#20、螺絲、水苔

1

順著最大朵唐印的弧度將其固
定在下方中間處,接著在莖部
兩旁各鎖上一根螺絲。

圖片用的是綠色水苔,我
稱之為「偷吃步」。 因為
如果水苔外露時,也會顯
得比較美觀,但若以種植
角度考量,智利水苔的效
果較好。

2

用水苔覆蓋螺絲並以 U 形釘固定。

3

下方再植入一朵形態小一點的唐印，同樣在莖部左右各鎖上螺絲固定。

4

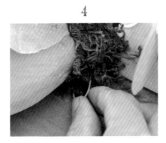

以水苔覆蓋螺絲，壓實以 U 形釘固定，因唐印重量較重，所以用 #18 號鐵絲做固定。

POINT

很多讀者問到，鐵絲若是插到植物體會不會傷到它？毫無疑問的一定會，但若是生長旺盛的生長期或冬季，很快的傷口就會癒合，而不影響植物生長。

5

下方再植入較小型的唐印覆蓋住水苔。

6

以 #18 號粗鐵絲先行將莖部固定。

7

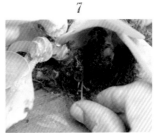

下方再鎖上一根螺絲，並以 U 形釘扣住螺絲，往上方固定。

8

覆上水苔壓實後再以 U 形釘固定。

9

再植入一棵更小的唐印，因位於下方，此時面向就要朝下，莖部靠在之前的植株莖部旁。

10

莖部下方再鎖上一根螺絲，由於莖部較粗，所以用較長的螺絲卡住。

11

以 #18 號 U 形釘做固定。

12

補上水苔壓實,再以 U 形釘固定。

13

右下方再補上一棵唐印,通常較老的植株會有多頭蓮座,一朵就能將剩餘的空隙填滿。

14

先以較長的 U 形釘往上方壓實。

15

下方再鎖上一根螺絲並以 U 形釘扣住。

16

以水苔覆蓋莖部壓實。

17

18

可再補上一、二支較長的 U 形
釘,以不看到鐵絲為原則。

加入一些馴鹿水苔做跳色。

FINISH

一個平實單一的唐印作
品,在遇到日照強且溫差
大的冬季,就會綻放鮮明
炫目的紅。

✂ **TIP**

照顧方式

置於南面向陽日照充足處,水分以
一次將介質水苔澆溼,或採少量多
次澆水方式。

13 安逸

樹梢鳥兒們的嘰嘰喳喳雖帶著些許吵雜，
但更多的是祥和之氣裝載在籠子裡，
讓這份安逸駐留心裡。

設計理念　此為懸吊式平面作品，利用鳥兒加上多肉植物，營造出身處叢林的意境，彷彿將大自然中的一景擷取到生活空間中。

13 安迪

盆器

木質底座的鳥籠

多肉植物

極樂鳥、花月、火祭、黃金萬年草、姬朧月、東美人錦、紅旭鶴、花月夜、秋麗、黃麗、黃花新月、三爪玄月

工具

剪刀、尖嘴鉗、破壞剪、十字起子、鐵絲#18、#20、螺絲、水苔

1

先將鳥兒裝飾品以螺絲或防水膠固定在木板上，在兩隻小鳥中間的空隙前鎖上一根螺絲。

2

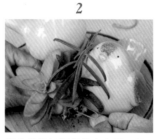

將火祭植於螺絲與小鳥間，以細鐵絲將火祭莖部與螺絲綁牢，火祭後方再加上一棵較高的極樂鳥。

3

前方加上蓮座較大的東美人錦，先以 U 形釘固定加水苔壓實，再於前方鎖上一根螺絲。

4

取略長的 U 形釘扣住螺絲，往第一根螺絲方向固定。

5

將姬朧月從側邊植入，以 U 形釘扣住莖部，加少許水苔壓實。

6

加上較短的三爪玄月增加不同形態的植物變化。

7

將一小束黃金萬年草莖部以 U 形釘固定。

8

取黃花新月以 U 形釘固定莖部後加水苔壓實。

9

取一小朵黃麗以 U 形釘固定。

13
安
逸

	10		11		12

黃麗上方再植入一棵姬朧月做跳色，若莖部過短可以 U 形釘扣住下葉固定。

先於黃麗旁植入一條略長的三爪玄月，再植入一朵姬朧月做收邊，接著鎖上一根螺絲做固定。

火祭後方補植極樂鳥以加重其分量，營造出小鳥躲在肉叢間的氛圍。

13   14   15

火祭旁植入紅旭鶴，當日照強、溫差大時，火祭、姬朧月、紅旭鶴將會呈現不同層次的紅。

前方植入較大朵的黃麗，當顏色轉紅時，黃麗的紅邊會與主體的紅相呼應。

下方再取不同長短的三爪玄月做收邊。

16   17   18

旁邊植入少許黃金萬年草與黃麗作呼應，且與三爪玄月做跳色，再於上方植入秋麗。

秋麗下方再植入一棵黃麗以加重黃色系，固定方式以 U 形釘扣住下葉，再將 U 形釘輕推藏進下葉中。

下方以黃花新月做收邊，再鎖上一根螺絲。

19

以較長的 U 形釘扣住螺絲，往第一個連結點方向固定。

20

再以黃金萬年草補足剩餘的空間做收邊，前半部完成。

21

轉到後半部，先植入一棵較高的花月。

22

植入一棵東美人錦，再取一段黃花新月，讓其跨過小鳥的尾端，以營造其躲在肉叢間的氛圍。

23

取一段較矮的花月，同樣跨過小鳥尾端，讓其往外延伸，製造層次感。

24

接著由上往下植入兩朵姬朧月與黃花新月，加水苔壓實以 U 形釘固定，若覺得水苔與木板間容易分開沒確實連結，可鎖上一根螺絲。

25

再由右而左植入小朵的花月夜與黃金萬年草做收邊。

26

27

植入花月夜,以 U 形釘扣住下葉,可用尖嘴鉗或剪刀夾住 U 形釘底部會較容易將 U 形釘推進下葉間隙中。

由上往下以黃金萬年草、極樂鳥、三爪玄月做收邊。

13 安逸

🐝 TIP

照顧方式
置於南面向陽日照充足處,水分以一次將介質澆溼,或等介質乾了再澆至溼透的方式,也可採少量多次澆水的方式。

FINISH
不受驚擾而平靜安逸的呢喃就收藏在籠中。

113

14 重生

驚滔駭浪中浮沉幾回，歷經多少風霜，
終究有上岸的時候，再經蛻變，一改前景，
重新展現另一份生機。

設計理念

此為懸掛式立面作品，運用兩塊平面漂流木的結合，植入多肉植物，就是一個造型獨特的招牌或指示牌。

14
重生

盆器	多肉植物	工具
撿拾而來的漂流木，以鐵絲做結合。	玄月錦、花簪、特葉玉蝶、火祭、玫瑰景天	剪刀、尖嘴鉗、破壞剪、十字起子、鐵絲#18、#20、螺絲、水苔

1

在木板約略中央位置鎖上兩根螺絲，螺絲間留些許空隙。

2

將最大朵的特葉玉蝶去土後，把莖部卡進預留空隙中。

3

特葉玉蝶的面向要與木板成90度垂直，下方加少許水苔壓實，並以U形釘固定；也可取細鐵絲將莖與螺絲綁牢。

4

上方植入一棵特葉玉蝶，調整兩朵植株使其弧度往木板延伸，若下方介質太空可補水苔。先以U形釘由上往下的第一個連結點做固定。

5

右下方再加入一朵特葉玉蝶，U形釘由右下往第一個連結點方向固定。

6

莖部加少許水苔壓實後以U形釘固定好，下方再鎖上一根螺絲製造第二個連結點，再以U形釘扣住螺絲往第一個連結點方向固定。

7

將莖部以水苔覆蓋壓實。

14
重
生

8

下方再植入一朵特葉玉蝶，以
較長的 U 形釘由下往上方第一
個連結點方向做固定。

9

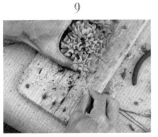

右下方再於兩朵特葉玉蝶間植
入特葉玉蝶，以長的 U 形釘往
第一連結點方向固定做收邊。

10

兩朵特葉玉蝶間再植入一小搓
花簪做跳色。

11

花簪與木板間以一朵較小的特
葉玉蝶做收邊，加水苔壓實以
U 形釘固定後，再鎖上一根螺
絲。

12

下方以花簪做收邊。

13

將長玄月錦的莖底部固定在水
苔上，再加入一小束玫瑰景
天。

14

由中間往外固定火祭做跳色。

15

火祭上方再植入一朵特葉玉
蝶。

16

特葉玉蝶旁的空隙以玫瑰景天
做收邊。

17

上方再植入一朵特葉玉蝶做收邊，以 U 形釘扣住下葉。

18

確實將水苔壓實再以 U 形釘固定。

19

將玄月錦根部藏在特葉玉蝶下葉裡。

20

若玄月錦太長，可於中段以 U 形釘扣住莖部，將 U 形釘藏進玫瑰景天下葉中。

21

上方再植入花簪。

22

再植入一棵特葉玉蝶，記得確實將水苔往下壓以加強固定。

23

以花簪做收邊。

24

25

26

右上方由左而右植入火祭，以
U形釘做固定，再加少許水苔
做收邊。

加少量玫瑰景天做跳色，兩朵
特葉玉蝶間再植入一朵火祭讓
色彩更為突顯。

以花簪做收邊。

14
重
生

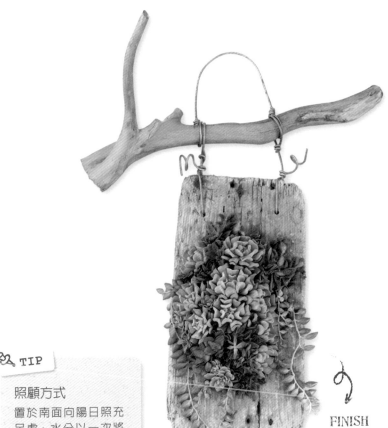

✂ TIP

照顧方式

置於南面向陽日照充
足處，水分以一次將
介質澆溼，或等介質
乾了再澆水，也可採
噴溼植物或介質表面
的少量多次澆水方式。

FINISH

帶著歷盡歲月洗禮的斑駁
木板注入了新的能量，有
了嶄新的詮釋。

15 團結

積沙成塔，聚木成筏，一根根木條的結合，
展現出團結的力量，造就出不平凡的美。

設計理念

此為壁掛式立面作品，隨興的結合木條，再以超五雄縞瓣的白粉與上色後的木頭做呼應。巧妙的運用對比與重複，讓粉紅色的超五雄縞瓣在木頭間做跳色以突顯視覺效果。

15
團
結

盆器

樹枝連結而成的拼面

多肉植物

超五雄縞瓣、紅椒草、銀箭、吹雪之松、雷童、綠萬年草、翡翠玉串、黃麗、秋麗、母子蓮

工具

剪刀、尖嘴鉗、破壞剪、十字起子、鐵絲#18、#20、螺絲、水苔

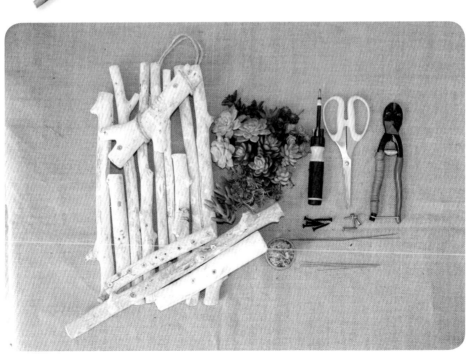

步驟示範

1

將超五雄縞瓣莖部靠在下方的樹枝，莖部加少許水苔壓實，再以 U 形釘固定。

2

在上方樹枝鎖上一根螺絲。

3

另一朵面朝上方，莖部靠在螺絲上，以細鐵絲將莖部與螺絲綁緊，下方空隙再填上水苔壓實，以 U 形釘固定。

4

右方貼著樹枝植入雷童，以 U 形釘先將莖部固定在壓實的水苔上。

5

雷童前方植入翡翠玉串，以 U 形釘固定莖部後加水苔壓實。

6

在兩朵超五雄縞瓣間補上少許綠萬年草後，加水苔並以 U 形釘固定。接著在下方樹枝鎖上一根與桌面樹枝平行的螺絲，再以一支 U 形釘扣住螺絲往水苔固定。

15
團
結

7

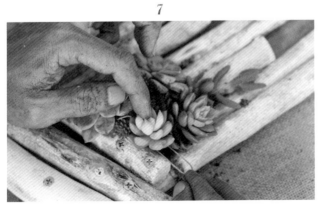

加少許綠萬年草蓋住螺絲，一旁
再植入黃麗。

8

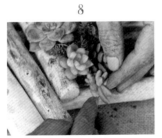

翡翠玉串旁植入較小的秋麗，
以 U 形釘固定莖部，再加水苔
壓實。

9

再取一段具線條感的雷童補滿
空隙，讓線條往下延伸。

10

轉到左側，在超五雄縞瓣後方
植入紅椒草。

11

紅椒草前方再植入一棵較矮的
紅椒草以加重紅色比例，前方
再植入一棵翡翠玉串。

12

前方植入母子蓮讓其往下延
伸，營造垂墜感。

紅椒草與翡翠玉串間再植入一
棵翡翠玉串以加重綠色比例。

加少許水苔壓實後以 U 形釘固
定，接著鎖上螺絲再以 U 形釘
固定。

植入超五雄縞瓣，以較長的 U
形釘扣住莖部。

16

上方植入綠萬年草做收邊。

17

在綠萬年草前方植入吹雪之松。

18

銀箭莖部藏在超五雄縞瓣下葉中，以 U 形釘固定莖部。

19

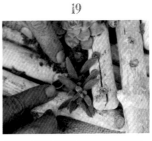

銀箭與超五雄縞瓣間的空隙再以吹雪之松填滿做收尾。

15
團
結

FINISH

眾志成城，團結的力量表露無遺。

TIP

照顧方式

置於南面向陽日照充足處，水分補充可採一次將介質澆溼，或等介質乾了再澆，也可採少量多次的澆水方式。

Chapter

3

生活活用篇

　　相信您在本書第一章節基本篇裡，已學會了如何運用基本手法，將多肉植物附著於垂直平面上；在第二章節的運用篇裡，體悟了如何讓技法更加熟練，並能運用鐵件等不同素材來與木材作結合，並藉由植物緩和不同材料間的衝擊，進而產生協調感。

　　在本單元中，將教您如何運用隨處可見的素材來作為多肉植物的盆器，您可利用淘汰的木材製品，或是讓老舊物品有嶄新的面貌，只要是能將螺絲鎖上的，都能成為盆器喔！如此一來，完成的作品不僅獨樹一格，資源的再利用也兼具環保意義。

16 回憶

難忘的是過往記憶，
一草一木，
亦或是一眸一笑，
框住當下的美好，
回憶永存在心裡。

設計理念

此為壁掛式立面作品，運用大相框的一角，其餘空間大片留白。紅旭鶴的花梗不受拘束延伸，正如美麗回憶正慢慢的滋長著。

16
回
憶

盆器	多肉植物	工具
寬邊實木相框	紅旭鶴、奧莉維亞、玫瑰景天、姬朧月、嬰兒景天、黃金萬年草	剪刀、尖嘴鉗、破壞剪、十字起子、鐵絲#18、#20、螺絲、水苔

1

取最大朵紅旭鶴，依其花梗方向決定主角位置。

2

在紅旭鶴莖部右側鎖上一根螺絲，若底板較薄，請鎖至螺絲固定即可，勿穿過背板。

3

再鎖另一根螺絲，以橫向鎖在側邊木材上，壓住紅旭鶴莖部。

4

再以細鐵絲將莖部與螺絲綁緊，利用螺絲將木頭與植物做連結。

5

紅旭鶴莖部上方先以 U 形釘固定一棵玫瑰景天。

6

下方利用框角落的支撐固定另一棵紅旭鶴，U 形釘由下往上做固定。

7

加少許水苔壓實後以 U 形釘固定。

16
回
憶

8

兩朵紅旭鶴間補上玫瑰景天。

9

取莖部較長的奧莉維亞讓蓮座
浮在邊框上，若蓮座較重可多
加支 U 形釘直至固定為止。

10

在奧莉維亞莖部上方以姬朧月
覆蓋莖部。

11

下方的框邊上鎖一根螺絲，若
木頭較硬可先以鐵鎚敲打螺
絲。

12

再取一支較長的 U 形釘扣住
螺絲，往第一個連結點方向固
定。

13

再取另一棵莖部更長些的奧莉
維亞以 U 形釘扣住莖部固定在
水苔上。

14

同樣以一棵奧莉維亞覆蓋住莖
部，營造出奧莉維亞的群落。

15

將莖部置於框內再以 U 形釘固
定莖部。

16

加少許水苔壓實後再固定。

17

將嬰兒景天莖部抓成一小束，
讓葉部浮在框邊上，再以 U 形
釘固定。

18

接著橫向將一根螺絲鎖在邊框
內緣，以讓水苔更加牢固。

19

取一棵較大的奧莉維亞植於螺
絲上方，若莖部太長，則用剪
刀剪除不需要的部分。

20

如圖示以 U 形釘扣住莖部再往水苔插入。

21

取一支較長的 U 形釘將奧莉維亞固定,再加水苔壓實。

22

加一小搓嬰兒景天讓其貼在邊框上,再以 U 形釘固定。

16
回
憶

23

奧莉維亞上方植入姬朧月。

24

再補一棵姬朧月以加重紅色色塊。

25

加水苔壓實後再以 U 形釘固定。

26

取 #18 號鐵絲折根較長的 U 形釘做加強固定。

27

28

29

補上少許黃金萬年草做跳色。

前方再植入一棵奧莉維亞，接著以玫瑰景天做收邊（右半部分完成）。

轉到左方，紅旭鶴上方植入奧莉維亞。

30

上方再植入姬朧月，調整好蓮座面向。

31	32	33

以 U 形釘固定姬朧月,若遇阻力別硬推,可將 U 形釘拉出換個方向再推進。

下方再補上水苔,壓實後以 U 形釘固定。

最後以黃金萬年草做收邊。

16
回
憶

🐝 TIP

照顧方式
置於南面向陽日照
充足處,水分以
一次將介質澆至溼
透,或採少量多次
的澆水方式。

FINISH

框住的是植物的生命
力,也框住了種植時的
那份專注,那份愉快,
那份忘我的回憶。

17 饗宴

端上桌的是一份多肉饗宴，亦或是一份心靈饗宴，
多肉豐富了桌面，也豐富了心靈層面。

設計理念

此為平面式直立作品。迷你的小折疊桌就以小比例的星影、虹之玉、毛海星等多肉植物營造出作品的細緻度,也點出顏色變化。主體不宜過大,以免作品有頭重腳輕的不平衡感。

盆器	多肉植物	工具
實木折疊桌	雪娟、星影、黃金萬年草、毛海星、火祭、虹之玉	剪刀、尖嘴鉗、破壞剪、十字起子、鐵絲#18、#20、螺絲、水苔

步驟示範

1

於小木桌中間位置鎖上兩根螺絲，螺絲間留些許空隙。

2

將最大的星影脫盆去土，留下約螺絲高度的土球，將土球卡進預留的空隙中。

3

再以細鐵絲將螺絲與星影的土球一起綁牢，一來做好第一個與木板桌面的連結點，二來讓折疊桌面不至於分開。

4

再以少量水苔包覆土球與螺絲，壓實再以 U 形釘將水苔固定。

5

植入另一棵星影，先以 U 形釘固定，下方再補水苔壓實。

6
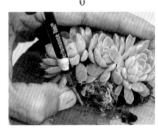

在第二棵星影莖部旁鎖上另一根螺絲製造第二個連結點。

7

再以一支 U 形釘扣住螺絲，串起第一與第二連結點，讓連結點由點變成線。

8

植入第三棵星影，注意蓮座面相及高低，讓其有弧度的往桌面順下來，接著以 U 形釘固定莖部。

9

下方補入水苔壓實，再以 U 形釘固定。

10	11	12

兩朵星影間再植入一棵星影，若莖部較短，可用 U 形釘扣住下葉再輕推。	下方與桌面間空隙植入虹之玉，再以 U 形釘固定莖部。	虹之玉旁往右依序植入三棵雪娟。

13	14	15

上方兩朵星影間植入虹之玉，以 U 形釘固定後加水苔壓實，下方再以黃金萬年草做收邊。	接著鎖上一根螺絲製造第三個連結點，再以兩支較長的 U 形釘扣住螺絲。一支往第二連結點方向固定，一支往第一連結點方向固定，讓連結點形成一個面。	植入虹之玉以加重紅色系，下方再以黃金萬年草做收邊。

16	17	18

以 U 形釘扣住毛海星下葉輕推固定。	毛海星旁植入火祭的小芽，以 U 形釘扣住下葉並將釘子藏在下葉裡。	再植入毛海星，以 U 形釘固定後加水苔壓實。

19

20

21

細小的素材可將作品細緻度表
現的淋漓盡致，但需要耐心將
一棵棵小多肉依序固定牢靠。

毛海星旁植入一小搓黃金萬年
草做跳色。

剩下的空隙再以毛海星做收
邊。

17 饗宴

✎ TIP

照顧方式
置於南面向陽日照充足處，水分以
一次將介質澆到溼透，待介質乾了
再澆一次的方式，或只噴溼植物、
介質表面，採少量多次澆水的方式。

FINISH
滿滿一桌細緻的多肉，
讓愉悅感填滿了心靈。

18 珍藏

愛不釋手的寶貝，
總有放手的時候。
封存的光芒，總有被開啟時的大放異彩，
藏的是一份謙虛，放的是一分精彩。

設計理念

此為自由性立平面作品。拆禮物時的期待，見到禮物當下的驚喜，在打開蓋子的一瞬間，願望成真。種植在木箱上的多肉彷彿灑滿一地的珍寶，帶來滿心歡喜。

18
珍藏

盆器

實木木箱

多肉植物

黃金萬年草、乙女心、秋麗、姬朧月、蕾絲姑娘、Tippy、白牡丹、嬰兒景天、玫瑰景天、摩南景天

工具

剪刀、尖嘴鉗、破壞剪、十字起子、鐵絲#18、#20、螺絲、水苔

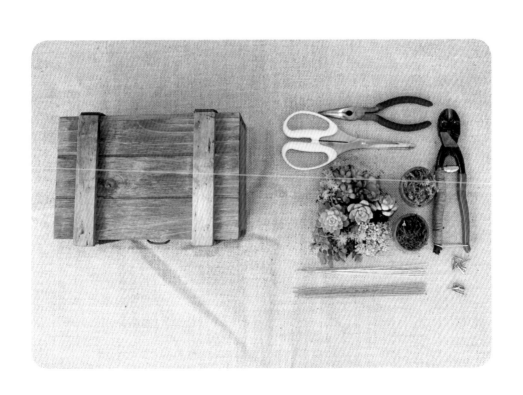

步驟示範

1

實木的木箱裡裡外外都是發揮想像力的畫布，此作品將植物種在內蓋面上，在預設放置主角的位置鎖上兩根螺絲，中間留少許空隙。

2

Tippy 脫盆去土留下少許土球，將土球卡進預留的空隙間，再以細鐵絲將螺絲與土球綁牢。

3

加少許水苔覆蓋土球，壓實後以 U 形釘固定。

4

上方植入黃金萬年草，先以 U 形釘固定莖部，再加水苔壓實。

5

黃金萬年草下方植入白牡丹。

6

在白牡丹莖部旁鎖上一根螺絲，下方空隙再填補水苔。接著以一支 U 形釘扣住螺絲，往第一個連接點固定。

7

一旁以摩南景天做收邊。

8

Tippy 與白牡丹間植入黃金萬年草做跳色。

9

再以三角種法在 Tippy 與白牡丹間植入一棵白牡丹。

10

以 U 形釘扣住白牡丹莖部，往第一個連結點方向固定。

11

白牡丹莖部下方鎖上一根螺絲，再以兩支 U 形釘扣住螺絲。

12

一旁以摩南景天做收邊。

13

摩南景天下方植入兩朵蕾絲姑娘小苗。

14
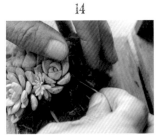
白牡丹與蕾絲姑娘間空隙植入姬朧月做跳色。

15

下方再植入少許玫瑰景天，以 U 形釘扣住莖部，再加水苔壓實。

16

再鎖上一根螺絲加強固定。

17

取兩支 U 形釘，一支往第三連結點固定，一支往第一連結點固定。

18

下方再以黃金萬年草做固定。以 U 形釘扣住莖部做固定，加水苔壓實。

19	20	21

再植入一棵秋麗，以 U 形釘固定莖部，再加水苔壓實。

白牡丹與秋麗間植入乙女心。先以 U 形釘扣住莖部，再加水苔壓實。

乙女心上方補些黃金萬年草以加重黃色系範圍，下方以黃金萬年草做收邊。

22	23	24

黃金萬年草下方植入玫瑰景天，以 U 形釘固定莖部，加水苔壓實。

下方黃金萬年草旁植入較小朵的乙女心做收邊，以 U 形釘扣住下葉並將釘子藏於下葉中。

上方以嬰兒景天做收邊，取 U 形釘扣住莖部做固定。

25

再植入一棵較高的嬰兒景天以加重分量，接著以 U 形釘固定後加水苔壓實。

26

27

28

以馴鹿水苔做收邊，運用馴鹿水苔做跳色，也藉由不同材質的元素讓作品更為活潑。

取棵具線條感的姬朧月將莖底部藏在馴鹿水苔中，並以 U 形釘固定。

再取另一棵略矮但具線條感的姬朧月將其莖部藏於馴鹿水苔中，並以 U 形釘固定。

18
珍藏

🐝 TIP

照顧方式
置於南面向陽日照充足處，水分補充採一次將介質澆溼，或少量多次的澆水方式。

FINISH

要珍藏的寶貝也能有個生意盎然的家。收藏的不僅是一顆誠摯的心，也蘊藏了一股生命能量。

19 懷舊

老支線的火車汽笛聲，越來越難以聽聞。
拆下的枕木，帶著一份任重道遠的情懷，
承載的是昔日繁榮，訴說的是今日蒼涼。

設計理念

此為直立式平面作品。利用老欉秋麗往下延伸的姿態,加上枕木帶出的老舊感,配合魅月的大器及生意盎然的姿態,老舊注入新意,相互襯托出各自的意義。

19
懷舊

盆器

一段枕木

多肉植物

老欉秋麗、
魅月、火祭、火祭錦

工具

剪刀、尖嘴鉗、破壞剪、十字起子、鐵絲#18、#20、螺絲、水苔

1

將老欉的秋麗其土球置於直立
枕木上端,讓莖部沿著枕木側
面自然下垂。

2

取一根較長的螺絲直接穿過秋
麗的土球鎖在枕木上。

3

土球右側再鎖上一根螺絲,接
著取一根 #20 號鐵絲扣住兩根
螺絲綁緊,將土球牢牢壓在枕
木上。

4

側面莖部糾結處鎖上一根深色
螺絲,以加強支撐秋麗的重
量,而深色螺絲也較容易融入
枕木而被隱藏。

5

再以咖啡色系鐵絲將莖部與螺
絲綁牢,待秋麗的不定根附著
於枕木上就會更加牢固。

6

土球左方植入 3 ～ 4 朵火祭,
以火祭掩蓋住土球。

7

先以 U 形釘扣住莖部,一棵固
定好後再固定下一棵。

8

土球後方鎖上一根螺絲,螺絲
與土球間預留魅月莖部大小的
空隙。

9

將魅月根系卡進預留空隙中,
再以一根鐵絲將魅月莖部與螺
絲綁牢。

10

魅月莖部再以水苔覆蓋壓實固
定。

11

土球正上方植入一棵魅月,先
用 U 形釘扣住莖部再固定於土
球上。

12

魅月莖部旁再鎖上一根螺絲,
接著以 U 形釘扣住螺絲往土球
固定。

13

覆蓋水苔後壓實,再以 U 形釘
固定。

14	15	16

下方再植入一棵魅月做收邊，因枕木較大，使用的植栽都較有分量，下方就不以細碎的草類做填補，以營造粗獷不羈的感覺。

以較粗的 #18 號 U 形釘扣住莖部，往土球方向做固定。

下方補上水苔壓實，再以 U 形釘固定。由於此作品用的是綠色水苔，所以就算水苔外露也無所謂。

17

再以老欉多頭的火祭錦做收邊，讓長得較長的莖部沿枕木往下延伸。

18	19	20

以 U 形釘扣住莖部固定於土球上，加少許水苔壓實，再以 U 形釘固定。

再以一較矮的火祭錦蓋住前一棵火祭莖部，以 U 形釘固定後加水苔壓實。

右方魅月旁植入一棵較矮的火祭錦，先以 U 形釘做固定，再加水苔壓實。

剩下的空隙以火祭錦做收尾，不好固定時可用 U 形釘扣住下葉，輕推將 U 形釘藏在下葉中。

最下方的秋麗若莖部離枕木過遠，可鎖一根深色螺絲固定，且莖部靠著枕木也較容易長出不定根。

19
懷舊

FINISH

一種粗獷不羈又帶新生感的枕木作品完成。

TIP

照顧方式

置於南面向陽日照充足處，水分以一次將介質澆溼，或等介質乾了再澆水，也可採取少量多次的澆水方式。

20 捎息

投遞的是平安與祝福，
捎來的是遠方的思念，
收到的問候同樣萬般歡欣。

設計理念

此為壁掛式立面作品。信箱上了偏粉色系的漆,以橙江的粉色系來與信箱色彩相呼應,再以黃綠色系襯出橙江的美。

盆器	多肉植物	工具
實木信箱	橙江、姬秋麗、黃金萬年草、黃麗、金色光輝、波尼亞、姬朧月、薄雪萬年草、玫瑰景天	剪刀、尖嘴鉗、破壞剪、十字起子、鐵絲#18、#20、螺絲、水苔

步驟示範

1

最大朵的主角橙江脫盆去土留少許土球，蓮座面朝上置於想要放置的位置。

2

橙江莖部兩側各鎖上一根螺絲，並以螺絲將莖部卡住。

3

再取一根鐵絲將螺絲與莖部綁牢，也可只扣住兩根螺絲的螺帽，將莖部卡在螺帽與木板間。

4

土球上再覆蓋水苔，壓實後以U形釘固定，確實將第一連結點固定。

5

橙江右下方植入波尼亞，若帶土團，則以U形釘固定。

6

下方再植入另一棵橙江，以較粗的#18號U形釘先行扣住莖部做固定。

7

下方再填入水苔壓實，並以U形釘固定。靠莖部的位置再鎖上一根螺絲，製造第二連結點。

8

9

10

20
捎
息

以 U 形釘扣住螺絲往第一朵大
橙江方向固定,下方再補水苔
壓實。

波尼亞下方植入金色光輝,並
以 U 形釘固定,加水苔壓實。

金色光輝下方再植入姬朧月,
先以 U 形釘做固定,兩側各植
入玫瑰景天,並以 U 形釘固
定。

11

下方再鎖上一根螺絲以製造第三個連結點,補水苔壓實後以 U 形釘固定。之後取一支 U 形釘往第一
個連結點固定,另一支往第二個連結點固定。

12	13	14

下方植入姬朧月後以 U 形釘固定莖部，加水苔壓實後再以 U 形釘固定水苔。

取黃金萬年草做收邊。

往左方做收邊，先植入姬秋麗，並以 U 形釘固定，加水苔壓實。

15	16	17

將薄雪萬年草莖部抓成一小束後再以 U 形釘固定。

橙江下方先植入玫瑰景天，再以 U 形釘固定，接著加水苔壓實。

再補上一棵姬朧月，先以 U 形釘固定，再加水苔壓實。

18

角落空隙以帶土團的黃金萬年草做收邊。

19

20

轉到右側，若主體比較工整而顯得死板時，植入一棵較高的姬秋麗，可將莖部藏在黃金萬年草裡，並以 U 形釘做固定。

姬秋麗上方再補大銀明色的小芽，接著以 U 形釘扣住下葉做固定，再取黃麗將下葉拔掉留較長莖部，然後藏於姬朧月後方空隙。最後以 U 形釘做固定，讓黃麗的蓮座跳出工整的主體。

20
捎息

🎀 TIP

照顧方式
置於南面向陽日照充足處，水分以一次將介質澆到溼透，或採少量多次的澆水方式。

FINISH

懷著忐忑心情，等待遠方捎來的信息，期待一切的美好，隨充滿暖意的祝福而來。

21 引導

人生道路上，怕的不是迷途，
而是失去方向，有了目標，就毋須徬徨歧路。

設計理念

此為直立式立面作品，指示牌上歡樂女王的多肉區塊，與下方櫻月的多肉區塊相呼應，這也讓單調的指示牌多了一分生氣與活力。

21
引導

盆器

實木指示牌

多肉植物

黃金萬年草、玄月錦、櫻月、紅旭鶴、紫式部、歡樂女王、白姬之舞、猿戀葦

工具

剪刀、尖嘴鉗、破壞剪、十字起子、鐵絲#18、#20、螺絲、水苔

1

在大塊指示板平面處鎖上兩根螺絲（螺絲間要預留空隙）。

2

歡樂女王脫盆後保留少許土團，將其卡進預留的空隙間，再以細鐵絲將螺絲與土團綁緊。

3

加水苔覆蓋土團後壓實，再以U形釘固定，確實將第一連結點固牢。

4

下方再植入一棵歡樂女王，根部靠在壓實的水苔上，並以U形釘扣住莖部固定。

5

根部覆蓋水苔後壓實，再以U形釘固定。

6

莖部旁鎖上一根螺絲，製造第二個連結點，再以U形釘扣住螺絲往第一連結點固定。

7

植入第三棵歡樂女王，可將U形釘藏在下葉裡，一支往第一連結點固定，一支往第二連結點固定，下方空隙再補水苔填縫。

8

下方兩歡樂女王間植入紫式部，以U形釘扣住莖部做固定，再加水苔壓實，以U形釘固定。

9

植入一條較長的玄月錦並讓枝條自然下垂，接著以U形釘固定其莖部。

21
引導

10

再鎖上一支 U 形釘以製造第三個連結點，用兩支 U 形釘扣住螺絲，一支往第一連結點固定，另一支往第二連結點固定。

11

加水苔壓實，再以 U 形釘固定。

12

植入黃金萬年草蓋住螺絲，以 U 形釘固定莖部做收邊，上方植入白姬之舞，並以 U 形釘固定。

13

再植入兩棵白姬之舞，並以 U 形釘由下往上一一固定莖部，上方靠木板處再植入紅旭鶴。

14

以 U 形釘固定莖部，加水苔壓實後再以 U 形釘固定。

15

植入白姬之舞後以 U 形釘固定，再加水苔壓實。

16

以黃金萬年草做收邊。

17

轉至右方，上方先植入具線條感的猿戀葦。

18

最後以黃金萬年草做收邊，上半部完成。

163

移到基部，在柱子前先鎖上一根螺絲，螺絲與柱子間要留空隙。

將最高的白姬之舞莖部置於空隙中，加水苔壓實後以 U 形釘固定，再取一根細鐵絲綁住水苔與螺絲，切記鐵絲勿外露。

左側再植入一棵較矮的白姬之舞，以 U 形釘固定後加水苔壓實。再於最高的白姬之舞前鎖上一根螺絲，與水苔間要保留空隙。

櫻月脫盆去土留少許土球後置於預留的空隙中，以 U 形釘扣住螺絲固定後加水苔壓實，再以 U 形釘固定。

左方再植入一棵櫻月，先以 U 形釘固定莖部，再加水苔壓實。

兩朵櫻月間植入一棵較矮的白姬之舞，並於前方植入一棵櫻月。皆先以 U 形釘扣住莖部，固定好後加水苔壓實。

接著於左側櫻月下方植入一棵略高的白姬之舞，於右方櫻月後方植入兩棵白姬之舞，此時要留意白姬之舞的高矮層次。

25 26

右方白姬之舞下方先植入玄月錦，再以黃金萬年草做收邊。

左方同樣先植入玄月錦，並以U形釘固定，剩下空間再以黃金萬年草做收尾。

21
引導

TIP

照顧方式

置於南面向陽日照充足處，水分以一次將介質澆到溼透，或是等介質乾了再澆的方式；也可採取少量多次的澆水方式。

FINISH

不論順著指標引導，或是背道而馳，都能到達心之所向的目的地。

22 滿溢

心框裡，幸福與快樂一點一滴交織堆疊著，
如同框裡的多肉，燦爛美麗的占據整個框架，
滿溢著璀璨。

設計理念

此為直立式立面作品。種類多樣的五顏六色多肉植物，將小相框妝點得色彩繽紛，表現出豐美滿盈之感。

盆器	多肉植物	工具
實木相框	蔓蓮、波尼亞、翡翠玉串、紅旭鶴、黃金萬年草、乙女心、黃麗、粉紅佳人、大耳墜、火祭、玫瑰景天、姬朧月	剪刀、尖嘴鉗、破壞剪、十字起子、鐵絲#18、#20、螺絲、水苔

22
滿
溢

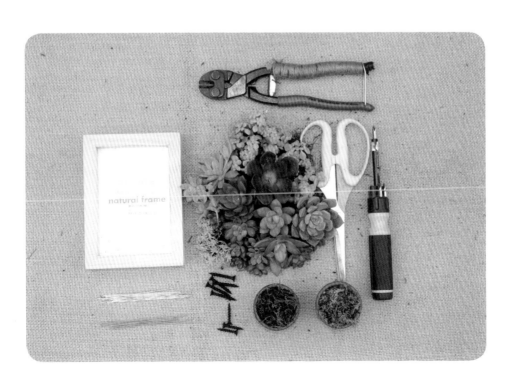

1

先將一小搓波尼亞植在角落，於內側邊框鎖一根螺絲，將波尼亞莖部壓在底板上。

2

螺絲上方植入一棵大耳墜，並以 U 形釘固定莖部，扣住螺絲。

3

上方再植入一棵大耳墜並以 U 形釘固定，再加水苔壓實。

4

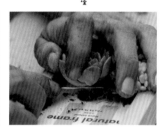

邊框的大耳墜旁植入粉紅佳人，以 U 形釘扣住莖部。

5

下方再加水苔壓實，以 U 形釘將水苔固定，由於有邊框可依靠，因此水苔盡量往邊框壓實。

6

粉紅佳人與邊框間的空隙植入姬朧月。將莖部藏在內框裡以U形釘固定,並讓蓮座延伸出框外。

7

莖部覆蓋水苔後壓實,再以U形釘固定水苔。

8

角落植入波尼亞後以U形釘固定莖部,再加水苔壓實後以U形釘固定。

9

再植入第二棵姬朧月後以U形釘固定莖部,接著加水苔壓實。

10

上方植入黃金萬年草,以U形釘固定莖部、土團後加水苔壓實。

11

於邊框內側鎖上一根螺絲,以讓固定好的水苔確實固定。

12

螺絲上方植入蔓蓮,以U形釘固定後加水苔壓實。

13

再於右方植入大耳墜，並以 U 形釘固定，加水苔壓實。

14

右側邊框植入乙女心，先以 U 形釘固定，再加水苔壓實。

15

中間位置植入最大朵的紅旭鶴，以 U 形釘扣住莖部或土團，先行固定。

16

右方與乙女心間的空隙補上波尼亞，一旁再植入黃金萬年草。

17

黃金萬年草上方邊框內側再鎖上一根螺絲，以 U 形釘扣住螺絲做固定。

18

螺絲上方植入黃麗，先以 U 形釘扣住莖部或土團做固定，再加水苔壓實。

19

左側紅旭鶴與蔓蓮間的空隙植入波尼亞。

20

再植入兩朵較小的蔓蓮。

21

取兩支從蔓蓮到側邊框長度的
U形釘，各往上下邊框方向做
固定。

22

蔓蓮旁植入翡翠玉串。

23

翡翠玉串莖部旁再以一根螺絲
斜斜鎖在側邊框，以壓住翡翠
玉串。

24

再以長U形釘扣
住螺絲做固定。

25

翡翠玉串側邊植入黃金萬年草，角落植入玫瑰景天，以 U 形釘固定後，再以一支較長的 U 形釘以 45 度角平向做固定。

26

植入大耳墜，以 U 形釘固定莖部後加入波尼亞。

27

右側再植入蔓蓮，以 U 形釘固定莖部後加水苔壓實。

28

紅旭鶴旁植入黃金萬年草，再取一支較長的 U 形釘以 45 度角往完成的主體方向加強固定。

29

植入火祭。

30

下方再植入一棵黃麗，並以 U 形釘固定莖部，加水苔壓實。

31

32

兩朵黃麗旁植入黃金萬年草。　　　剩餘的空隙以波尼亞做收尾。

22
滿
溢

FINISH

滿到爆框的多肉彷彿幸
福洋溢般，讓快樂與圓
滿滿心中。

 TIP

照顧方式
置於南面向陽日照充足處，
水分以一次將介質澆到溼
透，或等介質乾了再一次把
植物體澆到溼透，也可採用
少量多次的澆水方式。

23 幸福

幸福洋溢的表情，在收到捧花那一瞬間，表露無遺。
就讓這滿滿的幸福延續久久，
無時不記起那瞬間的感動。

設計理念

此為捧花作品。運用剪下的樹枝做出叉形支撐，就能讓多肉植物在上頭長久生長。這作品可說是種一把捧花，而不是綁一束捧花喔！

23 幸福

盆器	多肉植物	工具
三根「卜」字形的樹枝，以鐵絲綁緊後再以電線膠帶纏緊。	百萬心、月兔耳、千兔耳、玉蝶、琴爪菊、波尼亞、松蘿	剪刀、尖嘴鉗、破壞剪、鐵絲#18、#20、#22

步驟示範

1

百萬心脫盆後先將植株的土球拆成兩部分。

2

將土球以 45 度角卡進樹枝所構成的 V 形分枝間,接著以細鐵絲纏繞,將土球綁在上頭。

3

將玉蝶莖部以 U 形釘固定在土團上,接著加水苔壓實,再以 U 形釘固定。

4

右側同樣以 U 形釘固定玉蝶莖部,加水苔壓實後以 U 形釘固定水苔。

5

中間植入月兔耳,同樣以 U 形釘往下固定在百萬心土團上,接著加水苔壓實後以 U 形釘固定。

POINT

圖上是以植物原本帶的介質當作中心的填充介質,所以沒看到補水苔動作,實際操作時若無土團當介質,「加水苔壓實再固定」的基本固定動作要確實。

6

月兔耳後方再加一棵較矮的月兔耳,先以 U 形釘固定後再加水苔壓實,並以 U 形釘固定。

7

左方再植入千兔耳,以 U 形釘固定莖部後加水苔壓實,再以 U 形釘固定。

8

下方再植入千兔耳後以 U 形釘固定莖部。

9

10

11

在中間位置植入一棵玉蝶，此時所挑的蓮座形植物盡量選莖部較長的，會比較容易固定。

往右側最高的月兔耳與玉蝶間植入千兔耳。

此時水苔或介質已有一定的分量，用鐵絲圈住整個介質。

12

再以 U 形釘由外往內將介質固定，若土團外露，可以水苔覆蓋壓實。

13	14	15

右側再植入玉蝶，調整玉蝶面向使其呈現弧面，接著以 U 形釘固定莖部，加水苔壓實。	往左植入月兔耳，以 U 形釘固定莖部後加水苔壓實，接著於玉蝶與月兔耳間的縫隙補上細長的琴爪菊營造線條感。	月兔耳右方植入玉蝶，接著以 U 形釘固定後加水苔壓實。

16	17	18

往左再植入月兔耳，並以 U 形釘扣住莖部，加水苔壓實。	再以 #20 號鐵絲橫向圈住整個水苔綁牢固定，並以尖嘴鉗確實旋緊。	再用一根鐵絲縱向穿過水苔，並以尖嘴鉗旋緊。

19	20	21

以波尼亞填補空隙後加 U 形釘固定莖部，並加水苔壓實固定。	轉至左方，同樣以波尼亞填補空隙，並以 U 形釘固定莖部。	以水苔覆蓋外露介質，壓實後以 U 形釘固定。

22

最後以松蘿覆蓋水苔，並以 U
形釘固定。

23

轉圈纏繞直到蓋住膠帶。

23
幸
福

TIP

照顧方式
置於南面向陽日照充足處，可一次
將介質澆到溼透，或採少量多次的
澆水方式。

FINISH

握在手上的幸福既夢幻且
真實，傳遞的是滿滿的祝
福，捧著的是滿滿的幸福。

24 希望

一個遮風避雨的地方，一處堅實的避風港，
這也是一個成就未來的開端，
孕育希望的搖籃。

設計理念

此為吊掛式立面作品。在歐洲園藝雜誌裡經常可見屋頂長滿青苔植被的房子，就讓我們以縮小的鳥屋成就那一份大自然的雕塑，完一個自然的夢。

24
希望

盆器	多肉植物	工具
實木鳥屋	紐倫堡珍珠、春萌、火祭、薄雪萬年草、秋麗、黃麗、照波、母子蓮、銀箭、荒波、龍血、綠萬年草、波尼亞	剪刀、尖嘴鉗、破壞剪、十字起子、鐵絲#18、#20、螺絲、水苔

1

在屋頂中央靠近屋脊處鎖上兩根螺絲，螺絲間留些許空隙，製造第一個連結點。

2

紐倫堡珍珠脫盆去土，將莖部卡進預留的螺絲間，再以鐵絲將螺絲與莖部綁牢。

3

螺絲周圍以水苔覆蓋，壓實後以 U 形釘固定，確實將第一個連結點固定牢靠。

4

薄雪萬年草莖部植於紐倫堡珍珠後方，讓其往另一邊屋頂延伸，並以 U 形釘固定莖部。

5

再植入一棵秋麗，以 U 形釘扣住莖部後加水苔壓實，再以 U 形釘固定。

6

鎖上一根螺絲製造第二個連結點，接著以 U 形釘扣住螺絲往第一連結點方向固定。

7

紐倫堡珍珠與秋麗間植入綠萬年草，先行以 U 形釘固定後加水苔壓實，再以 U 形釘固定。下方鎖一根螺絲製造第三個連結點，與水苔間留些許空隙。

8

將紐倫堡珍珠莖部卡進螺絲與水苔間預留的空隙，以螺絲支撐紐倫堡珍珠的重量。

9

下方空隙補水苔壓實後以 U 形釘固定，再以一支 U 形釘扣住螺絲往第一連結點固定，另一支 U 形釘扣住螺絲往第二連結點方向固定。

24
希望

10

紐倫堡珍珠上方以薄雪萬年草做收邊，將莖部卡進紐倫堡珍珠與屋頂面間的空隙，再以 U 形釘固定。

11

下方植入荒波後以 U 形釘固定，加水苔壓實後再以 U 形釘固定。

12

顧慮到荒波的重量，莖部旁再鎖上一根短的螺絲，以加強支撐荒波的重量。

13	14	15

以一支較長的 U 形釘扣住螺絲往第三連結點方向固定，確實將較有重量的植栽固定好。

荒波下方以波尼亞做收邊，將莖部抓成一束後以 U 形釘固定，再加水苔壓實後以 U 形釘固定，兩朵紐倫堡珍珠中間再補上一朵秋麗。

根系旺盛的母子蓮脫盆後留些許土團直接植入秋麗下方，並以較長的 U 形釘往上方固定。

16	17	18

下方再鎖一根短螺絲以支撐母子蓮重量，補入一支 U 形釘扣住螺絲往上做固定。

以少量波尼亞將螺絲包藏起來，取 U 形釘自側邊做固定收邊。

在母子蓮左方加水苔壓實後以 U 形釘固定。

19	20	21

於中間秋麗下方鎖進一根較短的螺絲，以加強固定主體。

同樣於下方再鎖入一根較短的螺絲。

取兩支 U 形釘，一支扣住上方螺絲往上做固定，另一支扣住下方螺絲往上做固定。

22

秋麗旁植入綠萬年草並以 U 形釘固定，加水苔壓實後再以 U 形釘固定。

23

由上往下植入兩朵春萌，先以 U 形釘扣住莖部，再加水苔壓實。

24

下方靠近屋簷處以龍血做收邊，接著以 U 形釘固定莖部後加水苔壓實。

24 希望

25

上方紐倫堡珍珠旁以黃麗填補空隙，接著以 U 形釘固定莖部後加水苔壓實。

26

兩朵春萌間鎖上一根螺絲，再以一支較長的 U 形釘扣住螺絲後往右方固定。

27

取一小株黃麗蓋住螺絲，接著以 U 形釘固定莖部後加水苔壓實。下方與屋頂間的空隙以薄雪萬年草做收邊。

28

轉到另外一面，先以 U 形釘扣住火祭莖部，接著固定在另一面的水苔上後加水苔壓實，最後再於莖部旁鎖上一根螺絲。

29

同樣先以 U 形釘固定另一棵火祭，並於莖部旁鎖上一根螺絲，再以細鐵絲將兩棵火祭與螺絲綁牢。

30

右方植入銀箭並以 U 形釘扣住莖部固定。

31

銀箭莖部下方再鎖上一根螺絲。

32

以薄雪萬年草蓋住螺絲後於上方植入一棵荒波，接著以 U 形釘固定。

33

轉到左側火祭下方植入照波。

34

右方補上少許照波，剩餘空間再以薄雪萬年草做收邊。

35

屋脊處可植入春萌做些許變
化，最後將春萌莖部藏進銀箭
下方再以 U 形釘扣住下葉做固
定。

24
希
望

 TIP

照顧方式
置於南面向陽日照充足
處，水分補充可採一次
將介質澆到溼透，或採
少量多次澆水的方式。

FINISH

期待新生命的進駐，
展開無限希望的開端。

25 豐收

悉心栽種、澆灌下，
期待瓜瓞綿綿的豐收喜悅。

設計理念

此為直立平放式立面作品。乾燥後的瓢瓜種皮堅硬，植入亮黃色的黃麗與粉紅色的秋麗，賦予乾燥瓢瓜另一個新氣象。

盆器

乾燥的瓢瓜

多肉植物

秋麗、黃麗、千兔耳、波尼亞、黃金萬年草、玫瑰景天、薄雪萬年草

工具

剪刀、尖嘴鉗、破壞剪、十字起子、鐵絲#18、#20、螺絲、水苔

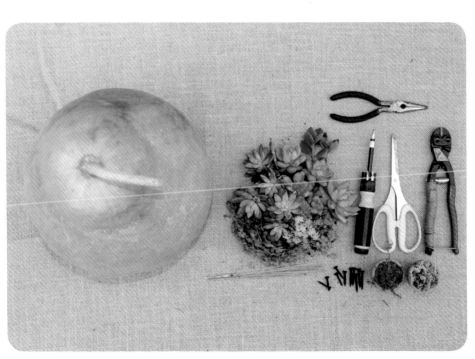

1

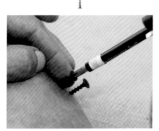

在瓠瓜的種皮鎖上兩根螺絲。

2

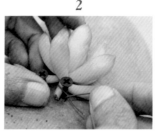

將黃麗莖部置於預留的螺絲空隙間，再以細鐵絲將莖部綁在螺絲上。

3

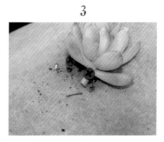

確實將鐵絲旋緊。

4

莖部加水苔覆蓋，壓實後以 U 形釘固定。

5

取一株較高的千兔耳將其莖部卡進螺絲空隙中，接著以 U 形釘固定後加水苔壓實；右方則植入一株較矮的千兔耳，並以 U 形釘固定。

6

再植入一棵黃麗。

7

黃麗與瓠瓜間的空隙補上波尼亞做收邊。

8

兩朵黃麗間植入一朵秋麗，再取一小束黃金萬年草固定在秋麗上方。

9

左方植入一株玫瑰景天。

10

右方波尼亞到左方玫瑰景天間空隙補上水苔壓實。

11

黃麗莖部下方鎖上一根螺絲，製造與瓟瓜間的第二個連結點，以一支較長的 U 形釘扣住螺絲，往第一連結點固定。

12

植入黃金萬年草，並以 U 形釘扣住莖部固定在水苔上。

13

右方植入少許波尼亞做收邊。

14

再於波尼亞與黃金萬年草下方植入一棵黃麗。

15

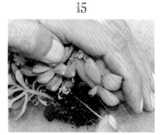

以 U 形釘扣住黃麗莖部往上方固定，左手輕扶主體右手在固定 U 形釘時會比較好施力。

16

確實把水苔壓實，右半部大略完成。

17

右側黃麗下方植入頗具線條感的秋麗，接著將莖部藏於上方的秋麗與黃麗下。

18

以 U 形釘扣住莖部後固定在水苔上。

19

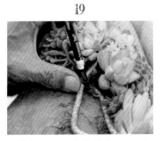

兩株秋麗莖部交會處鎖上一根螺絲，製造與瓢瓜的第三個連結點。

20

加水苔壓實後以 U 形釘固定。

21

取兩支較長的 U 形釘扣住螺絲，一支往第一連結點方向做固定，另一支往第二連結點方向做固定。

22

螺絲上方植入黃金萬年草做覆蓋，下方再植入秋麗。

23

左上方植入黃麗後以 U 形釘扣住莖部，往中間水苔方向做固定。

24

下方空隙再以水苔填補。

25

植入秋麗後調整面向，使其猶如由平面往外延伸。

26

秋麗下方植入薄雪萬年草做收邊。

27

剩餘空間以綠色水苔做收邊，也可取薄雪萬年草做收尾。

28

確實將水苔壓實後以 U 形釘做固定。

25
豐
收

🎗 TIP

照顧方式
置於南面向陽日照充足處，水分可一次補足到介質溼透，或是採少量多次的澆水方式。

FINISH

飽滿的瓢瓜加上飽滿的多肉，呈現出結實纍纍的豐收喜悅。

26 歡樂

一棵球，伴隨著歡呼與快樂，
也包含著積極向前，想贏得勝利的鬥志。

設計理念

此為懸掛式平面作品。運用細碎的小型景天與觀音卷娟的細緻形態做覆蓋，以讓懸吊的竹藤球展現另一種樣貌。

盆器

竹編藤球

多肉植物

觀音卷娟、龍血、霜之朝、小酒窩、雨心

工具

剪刀、尖嘴鉗、破壞剪、十字起子、鐵絲#18、#20、螺絲、水苔

1

先於藤球鎖上兩根螺絲，螺絲間留少許空隙，由於植株皆不是很大型，所以選用較短小的即可。

2

將觀音卷娟的莖部卡進螺絲間預留的空隙，再用細鐵絲將莖部與螺絲綁在一起。

3

加少許水苔覆蓋莖部與螺絲後壓實，再以 U 形釘將水苔固定。

4

下方再鎖上一根螺絲，與前一朵觀音卷娟間留少許空隙。

5

將另一朵觀音卷娟莖部卡進預留的空隙中，接著以 U 形釘扣住下葉做固定。

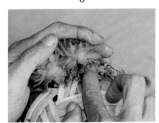

6

下方莖部四周加水苔後壓實，再以 U 形釘固定。

7

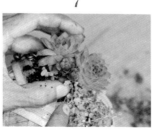

兩朵觀音卷娟間植入龍血做跳色，下方再植入小酒窩，調整小酒窩的細碎線條使其自然下垂。

8

上方第一朵觀音卷娟的莖部下方同樣植入小酒窩，並以 U 形釘固定抓成小束的莖部做收邊。

9

左方再植入一棵觀音卷娟，以 U 形釘扣住下葉做固定，下方再補水苔壓實。

10

另一側，兩朵觀音卷娟間再植入另一朵觀音卷娟。

11

加幾根小酒窩後再植入霜之朝。

12

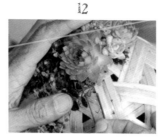

前方小酒窩位置，輕撥觀音卷娟下葉，將龍血的莖部藏在下葉裡。

13

將一小搓帶土團的小酒窩固定在龍血旁，同樣地將小酒窩的土團藏於觀音卷娟下葉裡。

14

再固定一小搓小酒窩，使其自然往下垂。

15

加水苔覆蓋土團後壓實。

16

以雨心覆蓋水苔做收邊。

17

植入龍血做跳色，再取小酒窩覆蓋 U 形釘。

18

接著取帶土團的小酒窩植於兩朵觀音卷娟間。

19

20

以 U 形釘扣住莖部，將小酒窩
確實做固定。

取少許龍血做跳色，以 U 形釘
扣住莖部後將其固定在觀音卷
娟下葉。

26
歡
樂

 TIP

照顧方式
置於南面向陽日照充足
處，水分以一次將介質
澆到溼透，或採少量多
次的澆水方式。

FINISH

細緻的一顆籐球，帶
著雨心細緻的小白
花，頗有一分春天的
小清新。

27 包容

有容乃大，
敞開心胸，就能容得下更多的不可能，
造就無限大的新希望。

設計理念

此為壁掛式立面作品。利用實木的空洞將單一品系的月兔耳植於樹洞中，展現一種破木而出的生命力，也述說一種包容的無限可能。

盆器	多肉植物	工具
中空的實木	寬葉黑兔耳、月兔耳	剪刀、尖嘴鉗、破壞剪、十字起子、鐵絲#18、#20、螺絲、水苔

上方樹洞狹窄處植入老欉的寬葉黑兔耳,接著取兩根螺絲鎖在莖的左右兩旁,將寬葉黑兔耳壓在木板上做固定,製造與木板間的第一個連結點。

用水苔覆蓋螺絲後壓實,再以U形釘固定。

下方植入一棵月兔耳,先以U形釘扣住莖部做固定,再加水苔壓實。

下方鎖上一根螺絲,製造第二個連結點,接著取一支U形釘扣住螺絲,往第一連結點固定。

左方再植入一棵月兔耳,先以U形釘扣住莖部做固定。

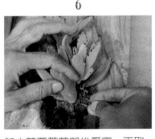

加水苔覆蓋莖部後壓實,再取U形釘做固定。

右側再植入一棵月兔耳。

8

加水苔壓實後以 U 形釘將水苔
確實固定好。

9

下方再植入月兔耳，注意月兔
耳的層次，並以 U 形釘扣住莖
部做固定。

10

加水苔壓實後以 U 形釘固定。

11

下方再次植入一棵月兔耳，並以 U 形釘扣住莖部將其固定。

12

下方再鎖上一根螺絲，製造第三個連結點。螺絲的功用不只是製造連結點，也可支撐上方月兔耳的重量，以免因植物體太重而下滑。

13

用水苔覆蓋螺絲，壓實後取兩支較長的 U 形釘，一支扣住螺絲往第二連結點固定，另一支扣住螺絲往第一連結點固定。

水苔用的少，植物就會更服貼在木板上，彷彿植物是從木板上直接長出來般，且介質少一點可限制植物生長，讓作品不易因植物生長過快而變形。

14

下方再植入另一棵月兔耳，先以 U 形釘扣住莖部做固定，再加水苔壓實。

15

左方再植入一棵月兔耳，若因太高而影響層次，可剪除少許莖部。

16

再以 U 形釘扣住莖部將其確實固定。

17

加水苔壓實後以 U 形釘做固定，此時已接近完成階段，可取一支較長的 U 形釘由下往上加強固定。

18

左方沿著樹洞弧度再植入一株較矮的月兔耳，並以 U 形釘扣住莖部做固定。

19

剩餘的小空間同樣以較小的月
兔耳做收尾。

20

若莖部過短，可用 U 形釘扣住
下葉做固定。

27
包
容

FINISH

沿著樹洞生長的強韌
生命力，與木頭接納
植物的包容性，簡單
卻蘊含著深意。

 TIP

照顧方式

置於南面向陽日照充足
處，水分以一次將介質
澆到溼透，或採少量多
次的澆水方式。

28 知足

一簞食，一瓢飲，
只要知足，就能不改其樂。

設計理念

此為可平放的直立式作品，小巧的湯匙面取小巧多品系的小芽點綴，營造出細緻與豐富感。

盆器	多肉植物	工具
木製或竹製的大湯匙	虹之玉、龍蝦花、玉蝶、東美人、白姬之舞、秋麗、大耳墜、姬朧月、加州夕陽、薄雪萬年草	剪刀、尖嘴鉗、破壞剪、十字起子、鐵絲#18、#20、螺絲、水苔

28
知足

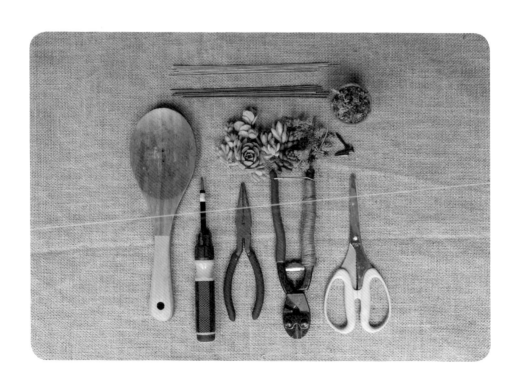

1

湯匙中央鎖上兩根螺絲，兩根螺絲間留些許空隙。

2

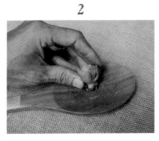

將玉蝶莖部卡進兩根螺絲預留的空隙中。

3

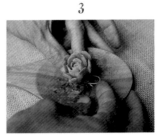

玉蝶莖部周圍補上水苔，壓實後再以 U 形釘固定，確實將第一連結點固定牢靠。

4

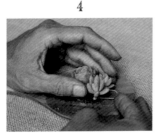

右方再植入兩棵秋麗，並以 U 形釘扣住莖部做固定。

5

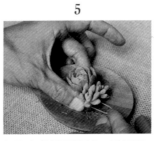

加入水苔壓實後以 U 形釘固定。

水苔加一點點就足夠，太多容易導致水苔球過大，確實壓實以免不牢固而脫落。

6

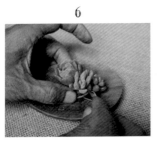

前方再植入虹之玉，以 U 形釘固定莖部後加水苔壓實，再以 U 形釘固定。

7

前方植入加州夕陽做跳色，以 U 形釘扣住下葉跟莖部做固定。

8

加水苔壓實後以 U 形釘固定。

28
知
足

9

前方植入少量薄雪萬年草,並
以 U 形釘固定。

10

右側再植入一棵加州夕陽,以 U 形釘固定莖部後加水苔壓實,接
著鎖上一根螺絲,製造與湯匙的第二個連結點。

11

將下方水苔再次壓實。

12

前方以薄雪萬年草做收邊。

13

往左再植入秋麗,先以 U 形釘
扣住莖部,再加水苔壓實。

14	15	16
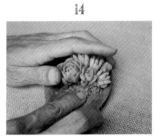		
上方植入東美人後以 U 形釘做固定。	再植入一棵較大的加州夕陽，並以 U 形釘固定莖部。	加水苔壓實後以 U 形釘固定，玉蝶與加州夕陽間的空隙補上薄雪萬年草與加州夕陽。

17

接著以 U 形釘固定後加水苔壓實，然後鎖上一根螺絲，製造與湯匙間的第三個連結點。

18	19	20

上方植入白姬之舞後以 U 形釘固定，再加水苔壓實。	下方植入龍蝦花後以 U 形釘固定，再補上一棵大耳墜。	往下植入薄雪萬年草後再補上一棵加州夕陽，並以 U 形釘扣住莖部做固定。

21

22

23

中間玉蝶下方植入一棵加州夕陽，若無法施力可用尖嘴鉗夾住 U 形釘輕推做固定。

加水苔壓實後以 U 形釘做固定，再以薄雪萬年草做收邊。

植入兩朵姬朧月後確實固定好剩下的空隙。

28
知足

 TIP

照顧方式
置於南面向陽日照充足處，水分補充可採一次將介質澆到溼透，或是少量多次的澆水方式。

FINISH

一匙滿溢豐富色彩的多肉，
是否有讓您
感到愉悅及滿足呢？

29 祝福

一種思念，一份企盼，
聚精會神地植在圈上，
傳遞真心祝福。

設計理念

此為壁掛式立面作品,現成的藤圈搭配上多肉植物,
一個雅致的祝福也能如此繽紛。

29祝福

盆器	多肉植物	工具
藤圈	紅旭鶴、橙江、大銀明色、春萌、龍蝦花、雞爪癀、加州夕陽、蔓蓮、火祭、薄雪萬年草、雅樂之舞	剪刀、尖嘴鉗、破壞剪、十字起子、鐵絲#18、#20、螺絲、水苔

213

1

在靠近藤圈內側鎖上兩根螺絲,兩根螺絲間留少許空隙。

2

將紅旭鶴莖部卡進兩根螺絲間預留的空隙中。

3

若莖部較短可先塞入水苔,在莖部與螺絲的縫隙中壓實。

4

取一根細鐵絲將莖部與螺絲綁牢。

5

輕壓紅旭鶴以尖嘴鉗慢慢地捲牢,確實將第一個連結點固定牢靠。

6

前方植入一棵火祭,先以 U 形釘扣住莖部。

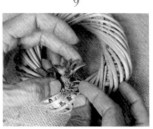

7

加水苔壓實後以 U 形釘固定。

8

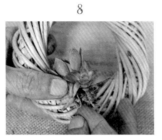

左方同樣植入一棵火祭,以 U
形釘固定莖部後加水苔覆蓋莖
部壓實。

9

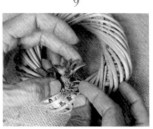

火祭下方植入薄雪萬年草,以
U 形釘固定後加水苔壓實。

10

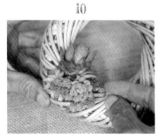

在右側植入蔓蓮,先以 U 形釘
固定,再加水苔壓實。

11

後方植入一棵雞爪癀,並以 U
形釘固定。

12

在莖部覆蓋水苔後壓實,若覺
得不是很穩固,可再補上一根
螺絲。

13

轉到背面，於靠近籐圈位置植入雅樂之舞，並以 U 形釘固定。

14

加水苔覆蓋莖部後壓實，再以 U 形釘固定。

15

轉回正面，植入春萌後以 U 形釘固定，再加水苔壓實。

16

植入大銀明色後以 U 形釘固定莖部，再加水苔覆蓋莖部後壓實。

17

上方植入龍蝦花後以 U 形釘固定。

18

轉到背面，再以 U 形釘將龍蝦花固定一次。

216

19

20

加水苔覆蓋莖部後壓實,再以 U 形釘固定水苔。

將背面水苔壓實後以 U 形釘固定。

29
祝
福

FINISH

滿懷著誠意,帶著思念與祝福的迷你小籐圈完成了。

TIP

照顧方式
置於南面向陽日照充足處,水分以一次將介質澆到溼透,或是等介質乾了再一次澆到溼透,也可採少量多次的澆水方式。

Chapter

4

多肉植物圖鑑

紅月法師

直立性叢生 / 小型種 / 胴切

翠綠色的葉片幾乎不會變色，葉面帶有光澤感。生長季節時生長快速且分枝性佳，容易形成叢生的茂盛植株。

紅葉法師

直立性 / 中型種 / 胴切

葉緣具鋸齒狀毛邊，生長季節若日照充足葉片會轉為紅色，出現褐色線條紋。

彼得潘

直立性 / 大型種 / 胴切

墨法師的縞斑品種，綠色縞斑不規則出現在葉片上，日照充足環境下顏色對比較為明顯。

瑪奇

叢生 / 小型種 / 胴切

翠綠色葉片布滿絨毛且具黏著感。植株低矮，在生長季節容易長出側芽形成叢生，溫差大的季節葉面會出現褐色線條。

姬明鏡

蓮座 / 小型種 / 側芽、胴切

外型與明鏡相似，但整體植株屬於小型景天，外觀上布滿絨毛。夏季生長停滯植株會萎縮、掉葉，避開強烈日照加強通風環境較易存活。

森聖塔

叢生 / 小型種 / 胴切

對生的綠色葉片具明顯紅邊，葉片布滿細小絨毛，生長快速容易形成叢生。外型可愛討喜，春天會開出橘紅色花朵。

銀之鈴

匍匐性叢生 / 小型種 / 胴切、扦插

銀波錦屬，顆粒狀的葉片渾圓飽滿，具明顯葉尖，新葉顏色較為灰白，溫差大的季節葉緣轉紅，容易生長側芽形成叢生。

太陽星

直立性叢生 / 中型種 / 胴切、扦插

三角形的葉片狹長而厚實，葉間距明顯，葉片中心顏色較白，葉緣會呈現深橘紅色。

愛星

直立性叢生 / 小型種 / 胴切、扦插

三角形的葉片渾圓飽滿、葉緣較圓潤，葉子中間顏色較白，日照充足環境下葉緣呈橘紅色，生長較為緩慢。

數珠星

直立性叢生 / 小型種 / 胴切、扦插

又稱烤肉串。三角形葉片較為短小、渾圓飽滿，外觀像是堆疊成串的珠子，日照充足與低溫季節會出現明顯的紅邊。

玉稚兒

直立性叢生 / 小型種 / 胴切、扦插

渾圓飽滿的葉片相對而生，葉面布滿白色絨毛，給予日照充足的環境植株生長緊密，可避免徒長，基部容易生長側芽形成叢生。

毛海星

叢生 / 小型種 / 胴切、扦插

交疊生長的三角葉讓植株看起來就像星星，葉面布滿細毛，溫差大的季節葉片會轉為紅色，植株生長非常緊密且容易生長側芽形成叢生。

克拉夫

叢生 / 小型種 / 葉插、胴切、扦插

對生的葉片狹長而厚實，外觀為紅褐色，若日照充足更顯得火紅，生長較為緩慢，栽培上忌潮溼。

火星兔

叢生 / 小型種 / 胴切、扦插

青鎖龍屬。短小飽滿的葉片有白色疣點，日照充足環境下葉尖會轉紅，生長季節在春、秋兩季，栽培環境喜好乾溼分明。

史瑞克錦

直立性 / 中型種 / 葉插、胴切、扦插

史瑞克的錦斑品種，黃色的錦斑不規則出現在葉面，栽培容易但生長速度較為緩慢。

紅葉祭

叢生 / 中型種 / 側芽、胴切

外觀與火祭相似，植株體型較火祭小，葉片質感較為厚實且粗糙，深綠色的葉片在低溫季節會轉為紅色。

月迫薔薇

蓮座群生 / 中型種 / 側芽、胴切

細長的葉片具明顯葉尖，植株呈淺藍色，葉面布滿白粉，喜日照充足環境。葉片生長緊密呈球狀蓮座，容易生長側芽，可另行胴切繁殖。

雪雛

蓮座群生 / 中型種 / 葉插、胴切

細長的葉片呈棒狀，具明顯葉尖，淺綠色的外觀鋪有白粉，在低溫季節顯得白裡透紅，容易生長側芽形成群生狀。

比安特

蓮座 / 中型種 / 葉插、胴切、扦插

為黑爪的交配品種，又稱雪爪。狹長的葉片具明顯紅色葉尖，植株外觀鋪有厚實白粉，日照充足環境下植株蓮座更為緊密、飽滿。

白色迷你馬

蓮座 / 小型種 / 葉插、胴切

外觀與迷你馬相似，植株鋪有明顯白粉。日照充足下葉緣紅邊與紅尖更為突顯，蓮座生長緊密，栽培上要注意通風是否良好。

藍色迷你馬

蓮座 / 小型種 / 葉插、胴切

葉面布滿白粉，日照充足時藍色的葉片具明顯紅邊，植株成熟後容易生長側芽，可另行胴切繁殖。

花乙女

蓮座 / 小型種 / 側芽、胴切

靜夜與錦司晃的交配品種，飽滿的葉片很有立體感，葉面布滿絨毛，具明顯紅尖，夏日要避免強烈的日照直射。

青渚

蓮座 / 中型種 / 胴切

青綠色的棒狀葉布滿明顯絨毛，外觀非常有特色。植株生長緊密，栽培上要注意是否有良好通風，避免長期潮溼悶熱的環境

卡蘿

蓮座 / 小型種 / 葉插、胴切

厚實的葉片緊密排列生長成紮實的蓮座，葉面上布滿粗糙顆粒，溫差大的季節日照充足時植株會轉為紅色。

斯嘉麗

蓮座 / 中型種 / 葉插、胴切

綠色的外觀鋪有白粉，葉子飽滿且生長緊密、葉緣較尖，日照充足與溫差大的季節葉緣呈現橘紅色，容易生長側芽形成群生狀。

稜鏡

蓮座 / 中型種 / 葉插、胴切

淺綠色的外觀鋪有白粉，葉片具明顯紅尖與稜紋，低溫季節植株會透出粉紅色。

萊姆辣椒

蓮座 / 小型種 / 葉插、胴切

淺綠色的植株葉面布有白粉、葉面有輕微石化，緊密排列的葉片形成漂亮的蓮座，日照充足下葉尖會轉為紅色，喜歡通風良好且乾溼分明的環境。

克拉拉

蓮座 / 中型種 / 葉插、胴切、扦插

淡綠色的葉片渾圓飽滿，具明顯的葉尖，溫差大的季節植株會呈現粉橘色，日照充足環境下蓮座生長較為緊密紮實。

紅寶石

蓮座群生 / 中型種 / 葉插、胴切

棒狀的葉片渾圓飽滿、具光澤感，綠色的外觀有明顯紅邊，日照充足下植株會轉紅，植株強健，容易生長側芽形成群生狀。

苯巴蒂斯

蓮座 / 中型種 / 葉插、胴切、扦插

飽滿的葉片緊密生長成紮實的蓮座，葉尖在日照充足環境下呈紅色，容易生長側芽形成群生狀，夏季要避免強烈日照直射。

紙風車

蓮座 / 小型種 / 葉插、胴切、扦插

藍綠色的葉片緊密生長成紮實的蓮座，葉尖具明顯紅尖，溫差大的季節植株外觀呈粉紅色。

菊日麗娜

蓮座 / 小型種 / 葉插、胴切

菊日和與麗娜蓮的交配品種。葉片緊密排列生長成緊密的蓮座，細長的葉尖是一大特色，生長點的新葉更為明顯，植株帶有漂亮的粉紫色。

奧利維亞

蓮座群生 / 中型種 / 葉插、胴切、扦插

綠色的葉片飽滿而緊密生長，蓮座顯得低矮紮實，日照充足下葉緣轉紅，植株容易生長側芽形成群生狀。

藍月

蓮座 / 中型種 / 葉插、胴切、扦插

灰綠色的葉片具明顯紅尖，低溫季節或日照充足葉緣會轉紅，植株容易生長側芽形成群生狀。

楊金

蓮座群生 / 中型種 / 葉插、胴切

翠綠色的葉片具紅邊葉緣，緊密堆疊的葉片讓蓮座彷彿一朵花，低溫季節日照充足下紅邊更為明顯，甚至葉片出現紅斑。

聖路易斯

蓮座 / 中型種 / 葉插、胴切

有著深綠色的葉片，葉緣與葉背具不規則紅邊，低矮的蓮座生長強健，適合葉插繁殖。冬季轉為紅色，夏季應避開強烈日照以免曬傷。

劍司諾瓦
蓮座 / 中型種 / 葉插、胴切
菱形的葉片具明顯紅邊與葉尖，
灰綠色的外觀鋪有白粉，夏日要
避免強烈的日照直射。

摩氏玉蓮
蓮座 / 中型種 / 胴切
肥厚的葉片具明顯暗紅色葉緣，
葉面有特殊的光澤感，生長速度
緩慢，葉插繁殖的出芽率不高。

萬寶龍
蓮座 / 中型種 / 葉插、胴切
葉片厚實，湖水綠的外觀鋪有厚
實白粉，日照充足下葉尖會轉
紅，葉面白粉更明顯，生長強健
容易栽培。

三色菫
蓮座 / 中型種 / 葉插、胴切
湖水綠的狹長葉片緊密生長成漂
亮的蓮座，葉片較薄，日照充足
下葉緣的白邊更為顯現，栽培尚
須注意通風良好。

花和神
蓮座 / 中型種 / 側芽、胴切
葉片有厚實感、葉緣具紅邊，外
觀顏色較深綠，容易生長側芽形
成群生。

冰莓
蓮座 / 中型種 / 葉插、胴切
藍綠色的外觀鋪有白粉，輕薄的
葉緣透著光，日照充足會出現紅
邊，容易生長側芽形成群生狀。

織錦
蓮座 / 小型種 / 葉插、胴切、扦
插
藍綠色的外觀鋪有白粉，葉片生
長緊密，葉面有輕微石化現象，
日照充足下或低溫季節，葉緣會
呈現明顯的紅邊。

獵戶座
蓮座 / 中型種 / 葉插、胴切
藍綠色的葉片具非常明顯的紅
邊，葉片緊密生長成漂亮的蓮
座，夏季栽培要避免潮溼悶熱的
環境，注意通風是否良好。

綠花麗
蓮座 / 中型種 / 葉插、胴切
又稱布丁西施。翠綠的葉片與紅
色的葉緣形成強烈對比，植株低
矮容易生長側芽形成群生，夏季
要避免強烈的日照直射。

革命

蓮座 / 中型種 / 葉插、胴切

有特色的反葉，植株是淡淡的藍紫色，排列緊密的葉片生長成漂亮的蓮座。

長手指

蓮座 / 大型種 / 葉插、胴切

特葉玉蝶的園藝選拔品種，特色的反葉較為細長，很容易區分其差異，生長快速，植株強健容易栽培。

暗黑力量

蓮座 / 中型種 / 葉插、胴切

特葉玉蝶的交配種，具特色的反葉，葉面有光澤感，墨綠色的植株若日照充足會顯現紅褐色，非常有特色的品種。

達格達

蓮座 / 中型種 / 葉插、胴切

特葉玉蝶的交配種，遺傳了反葉的特色，植株為翠綠色，生長強健容易栽培，葉面布滿細小的絨毛是最大特色。

粉紅雪特

蓮座 / 中型種 / 葉插、胴切

葉片有反葉的特色、葉面鋪著厚實白粉，植株強健容易栽培，葉插繁殖容易出現綴化個體。

邱比特

蓮座 / 中型種 / 葉插、胴切、扦插

外觀有黛比特有的粉紅色外觀，葉片具特色的反葉，呈棒狀，生長強健，但幼株成長較慢，葉形會因為季節而有所變化。

粉雪

蓮座 / 中型種 / 葉插、胴切

外型與玉蝶相似但葉形較為狹長，明顯的葉尖是一大特色，日照充足環境下葉面呈粉紅色，是帶有優雅氣質的品種。

美國夢

蓮座 / 中型種 / 葉插、胴切

葉片具錦斑與石化的特徵，葉緣有不規則的凹凸，是充滿特色的品種。

露辛

蓮座 / 中型種 / 葉插、胴切

藍灰色的外觀鋪有白粉，葉緣具明顯稜紋，葉片緊密生長成漂亮的蓮座，溫差大的季節若日照充足植株會透出粉紫色。

櫻雪
蓮座 / 中型種 / 葉插、胴切
灰藍色的外觀，橢圓形的葉片中間有內凹稜線，植株外觀鋪有白粉。

藍色驚喜
蓮座 / 小型種 / 葉插、胴切
圓形的葉片呈現匙狀，葉緣薄而透光，具明顯葉尖，植株呈漂亮的藍紫色，層疊生長的蓮座就像一朵花。

晚霞之舞
蓮座 / 中型種 / 葉插、胴切
葉緣有明顯的波浪皺褶，植株呈漂亮的紫粉紅色，若日照充足顏色更為突顯，生長強健適合葉插繁殖。

晨曦
蓮座 / 大型種 / 葉插、胴切
粉紅色葉緣具明顯波浪狀與葉尖，植株外觀鋪有白粉，日照充足環境下植株會轉成粉紫色。

紫蝶
蓮座 / 中型種 / 葉插、胴切、扦插
外觀是漂亮的粉紫色，葉緣有細緻的波浪狀，日照充足環境下紫色更為明顯，強健容易栽培。

聖卡洛斯
蓮座 / 中型種 / 葉插、胴切
又稱新玉蝶。外觀為粉白色，葉緣具細微的波浪狀，生長強健，若日照充足植株會透著淺粉紅色。

藍色蒼鷺
蓮座群生 / 中型種 / 葉插、胴切
藍色的葉片較狹長，具明顯波浪葉緣，葉緣有淺淺的粉紅色，隨著栽培環境不同，植株會呈淡紫色或粉色等不同變化。

藍絲絨
蓮座 / 中型種 / 葉插、胴切、扦插
藍色的外觀鋪有白粉，葉緣具波浪皺褶或出現鋸齒狀裂紋，葉緣較薄顯得透光，葉片生長緊密紮實。

天鵝湖
蓮座 / 大型種 / 葉插、胴切
特葉玉蝶與莎薇娜的交配品種，遺傳特色的反葉、葉緣具細微的波浪狀，藍紫色外觀透著粉紅色，很有華麗感，生長強健，容易生長側芽。

星辰

蓮座 / 中型種 / 葉插、胴切

具莎薇娜的血統因此遺傳了特色的波浪葉緣，植株鋪有白粉，葉緣是亮眼的粉紅色，溫差大的季節植株呈漂亮的粉紫色。

波瑰娜

蓮座 / 中型種 / 葉插、胴切

台灣農場實生栽培的品種，葉緣具明顯的波浪狀，外觀為灰綠色，植株顏色因栽培環境與個體差異而有不同的表現。

利比亞

蓮座 / 中型種 / 葉插、胴切

明顯的波浪狀葉形是一大特色，植株生長強健，葉片鋪有一層白粉，呈現粉紫色，喜愛日照充足、乾溼分明的環境。

白玫瑰

蓮座 / 大型種 / 葉插、胴切

外觀鋪有厚實的白粉，具明顯的葉尖與波浪狀葉緣，層疊的葉片讓蓮座宛如一朵玫瑰花，生長強健容易栽培。

黑玫瑰

蓮座 / 中型種 / 葉插、胴切

外觀為紅褐色，葉緣具白邊，葉面向內捲曲讓植株的蓮座很有立體感，表面具金屬光澤的特殊質感。

茜牡丹

蓮座 / 中型種 / 胴切、扦插

狹長的葉片具厚實感且向內凹，葉片生長非常緊密且有金屬般的光澤感，褐色外觀若日照充足會變成紅褐色。

太妃糖

蓮座 / 中型種 / 葉插、胴切、扦插

狹長的劍形葉，葉面有金屬光澤感，紫褐色的葉片在日照充足環境下會轉為紅褐色，容易生長側芽或花芽。

粉紅天使

蓮座 / 中型種 / 葉插、胴切

輕薄的葉片鋪有白粉，淺粉紅的外觀在溫差大的季節會呈現粉紅色，植株生長強健，蓮座低矮。

洛可可

蓮座 / 中型種 / 葉插、胴切、扦插

狹長的劍形葉若日照充足，葉緣會顯得粉紅，植株鋪有白粉呈藍綠色，植株強健容易栽培。

柏迪

蓮座 / 中型種 / 葉插、胴切、扦插

狹長的葉片生長緊密有金屬光澤，葉面無白粉，葉緣較薄顯得透光偏白，墨綠色的外觀會因日照不同而有所變化。

羅密歐

蓮座 / 大型種 / 葉插、胴切

葉面具光滑的質感且有稜紋，粉紅色的植株若日照充足更為明顯，葉尖呈深紅色，春、秋兩季為生長季節，夏季應避開強烈日照並給予通風良好的環境。

魅月

蓮座 / 中型種 / 葉插、胴切

魅惑之宵與朧月的交配品種。葉片厚實飽滿，葉面具明顯稜紋，灰綠色的外觀日照充足下會帶點橘色，蓮座生長結實而緊密，植株強健容易栽培。

魅月綴化

蓮座 / 中型種 / 葉插、胴切

魅月的綴化品種。魅月在栽培上容易出現綴化個體，尤其透過葉插繁殖出現綴化個體的機率很高。

惜春

蓮座 / 中型種 / 葉插、胴切

原生於墨西哥。具暗灰色外觀，葉片有明顯的稜紋且厚實，生長速度較緩慢，日照充足環境下較能顯現品種特色。

粉紅黛娜

蓮座 / 中型種 / 葉插、胴切、扦插

狹長的葉片飽滿厚實，葉面光滑無粉，有明顯稜紋，植株外觀呈亮麗的粉紅色。

平安夜錦

蓮座 / 中型種 / 葉插、胴切

平安夜的錦斑品種，黃色縞斑散布在葉片，錦斑讓紅色葉緣更為明顯。

冰河世紀

蓮座 / 中型種 / 葉插、胴切

綠色的葉片具光滑表面與明顯葉尖，葉片生長緊密形成紮實的蓮座，日照充足下會有明顯的紅邊，容易生長側芽形成群生。

銀后

蓮座 / 大型種 / 葉插、胴切

灰紫色的外觀透著粉紅色，葉片具明顯稜紋，狹長而厚實很有立體感，日照充足下更為深色，植株顏色因環境不同而差異甚大。

暗紋石蓮

蓮座 / 中型種 / 葉插、胴切、扦插

外觀鋪有白粉而呈灰紫色。葉片狹長宛如獠牙，且具明顯稜紋，日照充足環境下葉紋更突顯。

奧普琳娜

蓮座 / 中型種 / 葉插、胴切

葉子厚實而狹長，植株表面鋪有厚實白粉，若日照充足會呈粉紅色。

卡羅拉

蓮座 / 大型種 / 葉插、胴切

卡羅拉葉面布滿白粉，藍綠色的葉片具明顯紅邊與葉尖，喜日照充足與乾溼分明的環境，春、秋兩季生長較明顯，生長可超過 20 公分。

木樨景天

蓮座 / 大型種 / 葉插、胴切

劍形的葉片具明顯稜紋，植株鋪有厚實的白粉，外觀顯得灰白，日照充足環境下植株生長成紮實的蓮座。

天鶴座

蓮座 / 中型種 / 葉插、胴切

厚實的葉片葉緣較圓潤，外觀呈漂亮的粉紫色，鋪有厚實的白粉。

女美玥

蓮座 / 中型種 / 葉插、胴切

葉片狹長而厚實，具明顯的紅尖，植株鋪有白粉，若日照充足則透出粉紅色與紅邊，栽培上喜愛乾溼分明。

千代田之松園藝種

蓮座 / 中型種 / 葉插、胴切

千代田之松的園藝選拔品種，葉形較長且葉片稜紋明顯，容易栽培但生長較為緩慢。夏天要避免強烈日照直射。

門薩

蓮座 / 大型種 / 葉插、胴切

也稱作黑門薩。狹長的劍形葉片緊密排列生長成漂亮的蓮座，暗綠色的外觀在日照充足下會轉成咖啡紅色。

黃金曼尼

蓮座 / 中型種 / 葉插、胴切

劍形的葉片前寬後窄，葉面具薄薄的白粉，葉片向內彎曲讓植株充滿立體感。

費歐娜

蓮座 / 中型種 / 葉插、胴切
植株帶有淺淺的紫藍色，厚實的
葉面布有白粉，喜日照強且乾溼
分明的環境，生長強健容易用葉
插繁殖。

拿鐵玫瑰

蓮座 / 大型種 / 葉插、胴切
葉緣具稜紋，蓮座形的植株充滿
立體感，灰綠色葉面鋪有白粉，
日照充足下植株會呈紅紫色。

藍色艾德

蓮座 / 中型種 / 葉插、胴切、扦
插
藍綠色的外觀幾乎不會變色，葉
片鋪有薄薄的白粉，具明顯葉
尖，溫差大的季節葉緣會稍微轉
紅。

檸檬玫瑰

蓮座 / 中型種 / 胴切、扦插
外觀呈翠綠色，葉片較薄且向內
凹，具明顯葉尖，日照充足與溫
差大的季節葉緣會呈橘紅色。

露安娜

蓮座 / 中型種 / 葉插、胴切
翠綠色的外觀具明顯紅邊，低溫
季節若日照充足紅邊會更為突
顯，葉片出現橘紅色漸層，生長
強健容易栽培。

格言

蓮座 / 中型種 / 葉插、胴切、扦
插
外觀呈湖水綠，幾乎不會變色，
劍形的葉片質感較薄，植株很有
立體感，日照充足下外觀較為灰
綠，葉尖會轉紅。

哈利沃森

蓮座 / 中型種 / 葉插、胴切
菱形的葉片，葉緣具明顯稜紋，
植株呈灰綠色，日照充足或低溫
季節植株會出現粉紫色。

青燕

蓮座 / 中型種 / 葉插、胴切
長劍般的葉面鋪有厚實的白粉，
葉片具明顯紅尖，日照充足環境
下較能表現出品種的特色。

皮亞七

蓮座 / 中型種 / 葉插、胴切
狹長的劍形葉片，外觀是淺藍色
且鋪有厚實的白粉，日照充足下
葉面會轉為粉紅色。

奶油黃桃

蓮座 / 中型種 / 葉插、胴切、扦插

圓形的葉片具細微的紅邊與紅尖，綠色的葉片若日照充足會顯得較為灰白，紅邊也會更突顯，夏季要避免強烈的日照直射。

阿爾巴

蓮座 / 中型種 / 側芽、胴切

厚實的葉片讓蓮座特別飽滿立體，灰綠色的外觀鋪有白粉，生長速度很緩慢。

銀倫敦

蓮座叢生 / 中型種 / 葉插、胴切

墨綠色的葉片布滿細短的絨毛，形成絨布般的特殊質感。葉面的絨毛反色光澤呈特殊的顏色，植株容易生長側芽形成叢生狀。

雪兔

蓮座 / 小型種 / 葉插、胴切、扦插

淡藍色的外觀鋪有厚實白粉，飽滿的葉片向內彎，具明顯葉尖，生長較為緩慢。

海娜蓮

蓮座 / 中型種 / 葉插、胴切

厚實的菱形葉片緊密生長，明顯的葉尖向外彎，輕薄的葉緣透著光，外觀呈綠色。

星河

蓮座 / 中型種 / 葉插、胴切、扦插

劍形的葉片散布錦斑，葉片因錦斑呈不規則形狀，外觀顯得灰白。

露娜蓮

蓮座 / 小型種 / 葉插、胴切、扦插

靜夜與麗娜蓮的交配種。渾圓有厚實感的葉片鋪有白粉，葉形短而厚實，外觀淡粉色，葉片層疊生長成漂亮的蓮座。

蘿莉塔

蓮座 / 大型種 / 葉插、胴切

匙形的葉片具明顯葉尖，外觀呈粉紅色，溫差大的季節若日照充足植株會轉成亮眼的粉紅色。

鑽石洲

直立性蓮座 / 大型種 / 葉插、胴切

劍形的葉片具石化錦，石化的現象讓葉片呈不規則生長，外觀呈橘紅色，日照充足下顏色更為顯眼。

月河

直立型蓮座 / 大型種 / 胴切、扦
插
葉面具明顯覆輪錦斑，不規則的
錦斑散布在葉面，葉緣因錦斑生
長不平均，灰色外觀、錦斑會因
季節呈白色或鵝黃色。

心之喜悅

蓮座 / 大型種 / 胴切
成熟的植株在寬扁的葉片上會長
出心形的瘤狀物，瘤狀物幾乎覆
蓋葉面，藍綠色的植株在低溫季
節葉緣會轉紅。

瘋狂錦

直立性蓮座 / 大型種 / 葉插、胴
切
厚實的葉片呈匙狀，葉面上白色
的錦斑造成葉片生長成不規則的
形狀。

結婚禮服

直立性蓮座 / 大型種 / 胴切
葉緣具密集的波浪皺褶，橢圓形
葉片向內彎曲，低溫季節植株形
態較為緊密，日照充足呈紅褐
色。

海龍

蓮座 / 大型種 / 胴切、扦插
成熟的植株葉緣呈曲折明顯的褶
紋，葉片尾端長出不規則瘤狀
物，巨大的植株很有分量，充滿
特色的外觀很吸睛。

桃樂絲

直立性蓮座 / 大型種 / 葉插、胴
切
波浪狀的葉片具明顯紅邊，植株
是漂亮的湖水綠色，生長強健容
易栽培。

桃木玫瑰

蓮座 / 大型種 / 葉插、胴切、扦
插
圓形的葉片呈匙狀，外觀是漂亮
的咖啡紅色，葉面無白粉充滿光
澤感，植株強健好栽培、可長成
超過 30 公分的大型種。

雨滴

蓮座 / 中型種 / 胴切
成熟的植株會在葉面上長出雨滴
狀的瘤物為其最大特色，日照不
足瘤狀物生長不明顯。

仙女座

蓮座 / 大型種 / 葉插、胴切、扦
插
晚霞的交配種，遺傳了粉紫色的
特色外觀。葉片較晚霞來的短而
寬，葉緣具細微的波浪皺褶，植
株生長可以超過 30 公分。

冬季日落

蓮座 / 大型種 / 葉插、胴切

寬闊的葉片呈匙狀，葉面具輕微稜紋，外觀鋪有白粉呈現淡紫色，低溫季節或日照充足會轉為深紫色。

黃金嬰兒景天

蔓性叢生 / 小型種 / 胴切、扦插

圓形的金黃色葉片，莖部呈橘紅色，給予日照、水分充足的環境，生長快速、強健好栽培。

銘月園藝品種

直立性叢生 / 中型種 / 葉插、胴切

銘月的個體差異中選拔出的品種，生長特性與銘月相同，但葉片更為狹長，低溫季節時紅邊特別明顯。

翡翠玉串

直立性蓮座 / 中型種 / 葉插、胴切

植株呈翠綠色，葉片渾圓飽滿具明顯稜紋，向上生長形成塔狀，溼熱的季節下葉容易果凍化或掉落。

黃玫瑰

直立型叢生 / 小型種 / 葉插、胴切、扦插

外觀淺綠色，葉片渾圓飽滿，植株容易向上生長至開花狀態，基部容易生成側芽形成叢生。

天使之淚

直立性叢生 / 中型種 / 葉插、胴切

葉片厚實呈圓珠狀，外觀鋪有厚厚的白粉，植株強健易栽培、耐旱，但生長與繁殖速度較緩慢。

小酒窩錦

蔓性叢生 / 小型種 / 胴切

小酒窩的錦斑品種，淺黃色的錦斑若日照充足會出現明顯的粉紅邊，日照不足植株容易徒長。

小紅莓

直立性叢生 / 小型種 / 葉插、胴切

外觀類似虹之玉，但植株更為迷你。渾圓的葉片緊密生長，溫差大的季節植株會轉紅，生長較緩慢，夏季要避免長期悶熱潮溼的環境。

小松綠

樹狀 / 小型種 / 胴切

小型種的景天，翠綠的葉片隨著生長會出現明顯的樹狀形枝幹，外型宛如松樹。可透過修剪增加分枝，炎熱的夏季生長會遲緩。

村上

蓮座 / 小型種 / 側芽、胴切

渾圓的葉片生成排列緊密的蓮座，成熟的植株容易長出側芽，可將側芽剪下胴切繁殖。炎熱的夏季生長停滯，喜好通風良好的環境。

嬰兒手指

直立性叢生 / 小型種 / 葉插、胴切

渾圓飽滿的葉片緊密生長，外觀特別討喜，鋪有白粉的葉片在低溫季節，若日照充足下會顯得粉紅色或轉紅，春天容易抽出花梗。

圓葉秋麗

直立性蓮座 / 小型種 / 葉插、胴切

橢圓形的厚實葉片鋪有白粉，灰綠色的外觀在日照充足下呈粉紅色，植株容易長高。

蠟牡丹

蓮座叢生 / 小型種 / 葉插、胴切

飽滿的葉片具明顯稜紋與葉尖，葉片的生長非常緊密，翠綠色的外觀帶 8 有光澤感，容易生長側芽形成叢生狀。

摩南景天

群生 / 小型種 / 側芽、胴切

渾圓的葉片具透明感，植株強健，容易生長側芽與開花，日照充足環境下生長較為緊密紮實，給予充足水分下生長良好。

紅日傘綴化

直立性 / 中型種 / 葉插、胴切、
扦插
紅日傘的綴化品種，因綴化的特
性生長較為緩慢。

春萌綴化

蓮座 / 小型種 / 葉插、胴切、扦
插
春萌的綴化品種，因綴化的特性
生長較為緩慢。

青星美人綴化

直立性蓮座 / 大型種 / 葉插、胴
切、扦插
青星美人的綴化品種，由於綴化
特性因而在生長上較為緩慢。

綠霓錦

直立性蓮座 / 大型種 / 葉插、胴
切
綠霓的錦斑品種，黃色的錦斑不
規則散布在葉面，葉片同時具輕
微石化現象。

紫麗殿錦

直立性蓮座 / 中型種 / 葉插、胴
切
紫麗殿的錦斑品種，葉面的黃色
錦斑與暗紫色形成強烈對比。

紫丁香錦

群生蓮座 / 中型種 / 葉插、胴切
紫丁香的錦斑品種，淺黃色的縞
斑不規則分布在葉面上。

晨光

蓮座 / 中型種 / 葉插、胴切、扦
插
老樂的錦斑品種，鵝黃色的錦斑
分布在葉緣，溫差大的季節錦斑
會呈粉紅色。

桃之嬌石化錦

蓮座 / 中型種 / 葉插、胴切
桃之嬌的石化與錦斑品種，白色
的錦斑散布在葉面，石化則讓葉
緣呈不規則狀。

姬秋麗錦

直立性叢生 / 小型種 / 葉插、胴
切
姬秋麗的錦斑品種，黃色的錦斑
不規則出現在葉面，目前在台灣
的栽培上錦斑特色尚不穩定。

初戀錦

蓮座 / 大型種 / 葉插、胴切

初戀的錦斑品種，錦斑多為黃色，日照充足與溫差大季節下錦斑較明顯，葉插與胴切繁殖的新芽不易保留錦斑特色。

旭鶴錦

直立性蓮座 / 大型種 / 葉插、胴切、扦插

旭鶴的錦斑品種，淺黃色的錦斑散布在葉面，外觀顯得灰白。

白牡丹錦

直立型蓮座 / 中型種 / 葉插、胴切

白牡丹的錦斑品種，鵝黃色的錦斑讓植株更為亮麗。

月之光錦

直立性叢生 / 中型種 / 葉插、胴切、扦插

月光兔耳的錦斑品種，淺黃色的錦斑不規則出現在葉面，葉片因錦斑特性生長不規則。

極光兔

直立性叢生 / 中型種 / 葉插、胴切、扦插

為月光兔耳的變異品種，葉形與月光兔耳相似但葉片較為短而寬，栽培上強健好照顧。

黃金兔

直立性叢生 / 中型種 / 葉插、胴切、扦插

狹長的葉片具咖啡色的鋸齒狀葉緣，新生與上部的葉片顏色較為金黃色。

巧克力士兵

直立性叢生 / 中型種 / 葉插、胴切、扦插

黃金兔的系列品種，葉形相似、新葉與上部葉片呈現金黃色，日照不足時金黃色澤變得不明顯。

孫悟空兔

直立性叢生 / 中型種 / 葉插、胴切、扦插

狹長的葉片呈棒狀，葉緣圓滑無鋸齒狀，葉緣顏色呈咖啡色，外觀因日照程度呈橘紅色至深咖啡色。

福兔耳

直立性叢生 / 小型種 / 葉插、胴切、扦插

外觀鋪有明顯的白色絨毛，葉片狹長，葉尖呈現咖啡色，生長速度較為緩慢。

仙福兔

直立性叢生 / 中型種 / 葉插、胴切、扦插

福兔耳的交配品種，外觀鋪有白色絨毛，葉片較寬大且具明顯齒狀葉緣，新葉帶著金黃色澤。

寬葉黑兔

直立性叢生 / 中型種 / 葉插、胴切、扦插

外觀類似月兔耳，但葉形較為寬大，葉緣齒狀較不明顯，且葉緣黑點相連成線，葉片的絨毛感也更突顯。

玫瑰黑兔

直立性叢生 / 中型種 / 葉插、胴切、扦插

灰白色的狹長葉片幾乎沒有齒狀葉緣，葉緣的黑點日照充足時會連成線，新葉的葉緣呈紅褐色。

泰迪熊兔

直立性叢生 / 中型種 / 葉插、胴切、扦插

短肥的葉片具鋸齒狀葉緣，葉緣突點為深咖啡色，新葉較為橘紅色，植株生長非常緩慢，栽培上忌長期潮溼。

褐矮星

直立性 / 中型種 / 葉插、胴切、扦插

橢圓形葉片向外彎曲，葉緣具細微齒狀，新葉的絨毛呈橘褐色，生長較為緩慢。

獠牙玫葉兔耳

直立性叢生 / 大型種 / 葉插、胴切、扦插

又稱獠牙仙女之舞。外觀與玫葉兔耳相似，但成熟植株葉背會長出刺狀突出物。

國家圖書館出版品預行編目 (CIP) 資料

多肉控！不藏私的多肉組盆技巧〔進階版〕
／劉倉印、吳孟宇著 -- 初版 . -- 台中市：
晨星，2016.10
　　面；　公分 . --（自然生活家；26）
ISBN 978-986-443-164-9（平裝）

1. 仙人掌目 2. 盆栽

435.48　　　　　　　　　　105012727

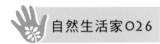 自然生活家 O26

多肉控！不藏私的多肉組盆技巧〔進階版〕

作者	Ron（劉倉印）、小宇（吳孟宇）
主編	徐惠雅
執行主編	許裕苗
版面設計	許裕偉
封面設計	季曉彤
攝影	Sandra、小安（張瑋安）、小宇（吳孟宇）
場地出借	青心園藝、鴻霖園藝、藍山園藝、潘朵拉多肉花園 RURU、綠果植栽、Yokoneco

創辦人	陳銘民
發行所	晨星出版有限公司
	台中市 407 工業區三十路 1 號
	TEL：04-23595820　FAX：04-23550581
	E-mail：service@morningstar.com.tw
	http：//www.morningstar.com.tw
	行政院新聞局局版台業字第 2500 號
法律顧問	陳思成律師
初版	西元 2016 年 10 月 23 日
郵政劃撥	22326758（晨星出版有限公司）
讀者服務專線	04-23595819#230
印刷	上好印刷股份有限公司

定價 380 元
ISBN 978-986-443-164-9

Published by Morning Star Publishing Inc.
Printed in Taiwan

◆ 讀 者 回 函 卡 ◆

以下資料或許太過繁瑣，但卻是我們了解您的唯一途徑，
誠摯期待能與您在下一本書中相逢，讓我們一起從閱讀中尋找樂趣吧！

姓名：_____ 性別：□ 男 □ 女 生日： ／ ／

教育程度：_____

職業：□ 學生 　　　□ 教師 　　　□ 內勤職員 　　□ 家庭主婦
　　　□ 企業主管 　　□ 服務業 　　□ 製造業 　　□ 醫藥護理
　　　□ 軍警 　　　　□ 資訊業 　　□ 銷售業務 　　□ 其他_____

E-mail：（必填）_____ 聯絡電話：（必填）_____

聯絡地址：（必填）□□□_____

購買書名：多肉控！不藏私的多肉組盆技巧〔進階版〕

· **誘使您購買此書的原因？**

□ 於 _____ 書店尋找新知時 □ 看 _____ 報時瞄到 □ 受海報或文案吸引

□ 翻閱 _____ 雜誌時 □ 親朋好友拍胸脯保證 □ _____ 電台 DJ 熱情推薦

□ 電子報的新書資訊看起來很有趣 □對晨星自然 FB 的分享有興趣 □瀏覽晨星網站時看到的

□ 其他編輯萬萬想不到的過程：_____

· **本書中最吸引您的是哪一篇文章或哪一段話呢？**_____

· **您覺得本書在哪些規劃上需要再加強或是改進呢？**

□ 封面設計_____ □ 尺寸規格_____ □ 版面編排_____

□ 字體大小_____ □ 內容_____ □ 文／譯筆_____ □ 其他_____

· **下列出版品中，哪個題材最能引起您的興趣呢？**

台灣自然圖鑑：□植物 □哺乳類 □魚類 □鳥類 □蝴蝶 □昆蟲 □爬蟲類 □其他_____

飼養＆觀察：□植物 □哺乳類 □魚類 □鳥類 □蝴蝶 □昆蟲 □爬蟲類 □其他_____

台灣地圖：□自然 □昆蟲 □兩棲動物 □地形 □人文 □其他_____

自然公園：□自然文學 □環境關懷 □環境議題 □自然觀點 □人物傳記 □其他_____

生態館：□植物生態 □動物生態 □生態攝影 □地形景觀 □其他_____

台灣原住民文學：□史地 □傳記 □宗教祭典 □文化 □傳說 □音樂 □其他_____

自然生活家：□自然風 DIY 手作 □登山 □園藝 □農業 □自然觀察 □其他_____

· **除上述系列外，您還希望編輯們規畫哪些和自然人文題材有關的書籍呢？**_____

· **您最常到哪個通路購買書籍呢？**□博客來 □誠品書店 □金石堂 □其他_____

很高興您選擇了晨星出版社，陪伴您一同享受閱讀及學習的樂趣。只要您將此回函郵寄回本社，
我們將不定期提供最新的出版及優惠訊息給您，謝謝！

若行有餘力，也請不吝賜教，好讓我們可以出版更多更好的書！

· **其他意見：**_____

晨星出版有限公司 編輯群，感謝您！

廣告回函
台灣中區郵政管理局
登記證第 267 號
免貼郵票

晨星出版有限公司　收

地址：407 台中市工業區三十路 1 號
贈書洽詢專線：04-23595820*112　傳真：04-23550581

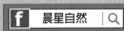

請填妥後對折裝訂，直接投郵即可，免貼郵票。